TRAITÉ ÉLÉMENTAIRE

DE SPHÈRE.

OUVRAGES DE L. J. GEORGE,
SECRÉTAIRE DE L'ACADÉMIE DE BESANÇON.

1⁰ Ouvrages autorisés par le Conseil Royal de l'Instruction Publique pour l'enseignement dans les Colléges de l'Université.

1° COURS D'ARITHMÉTIQUE THÉORIQUE et PRATIQUE, rédigé pour l'usage des aspirants aux *grades* de *bacheliers ès-lettres* et *ès-sciences*, comprenant tout ce qui est exigé pour l'admission aux Ecoles royales Polytechnique, Forestière, de Saint-Cyr et de la Marine, à l'usage des Colléges, Séminaires, etc. ; 13° édition, 1844. 1 vol. in-8°... **3 fr.**

2° ÉLÉMENTS D'ALGÈBRE, rédigés pour l'usage des aspirants au *baccalauréat ès-lettres*, et renfermant tout ce qui est exigé de cette science pour l'admission aux Ecoles Royales de Saint-Cyr, de la Marine et Forestière; 6° édition. 1 vol. in-8°, br. (1844). 3 fr. 75 c.

2⁰ Sciences Mathématiques.

1° ARITHMÉTIQUE DES ÉCOLES NORMALES PRIMAIRES en 80 leçons, rédigée d'après le programme adopté par l'Université, renfermant les matières exigées pour obtenir le brevet élémentaire et le brevet supérieur. 1 vol. grand in-12, broché.   2 fr. »
Cartonné...... 2 fr. 25 c.

2° COURS DE GÉOMÉTRIE PRATIQUE, à l'usage des Cours Industriels, des Écoles Normales Primaires et des Colléges; 9° édit. 1 vol. in-8°, broch... **3 fr. 75 c.**

3° RECUEIL DE PROBLÈMES NUMÉRICO-ALGÉBRIQUES, relatifs aux équations des deux premiers degrés; 3° édition. 1 vol. in-8°... **3 fr.**

5° ART DE LEVER LES PLANS; 6° édit., in-8°, br... 1 fr. 50 c.

3⁰ Sciences physiques.

1° COURS DE PHYSIQUE GÉNÉRALE, appliquée aux arts et à l'industrie, 4° édit. 1 vol. in-8°, broc............. **3 fr. 50 c.**

2° NOTIONS ÉLÉMENTAIRES DE PHYSIQUE, rédigées suivant le programme adopté par l'Université pour l'enseignement de cette science dans les Écoles Normales primaires; 3° édit. (1844), revue et augmentée. 1 vol. in-12, avec fig., broc............. **2 fr.**

Nota. Les figures ont été refaites avec soin et distribuées sur deux planches, conformément aux observations communiquées par M. le Ministre de l'Instruction publique.

3° NOTIONS ÉLÉMENTAIRES DE MÉCANIQUE, également rédigées sur le programme officiel. 1 vol. in-8°, br...... 1 fr. 50 c.

NOUVEAU TRAITÉ D'ARITHMÉTIQUE DÉCIMALE, renfermant 400 problèmes, à l'usage des classes élémentaires; par J. GEORGE fils. 8° édition, augmentée de la théorie complète des fractions ordinaires, du calcul des caisses d'épargne et de prévoyance et de questionnaires. 1 vol. in-18 de 180 pages. Prix, cart..... **75 c.**

EXERCICES ET PROBLÈMES DE L'ARITHMÉTIQUE DÉCIMALE, suivis des réponses et solutions; nouvelle édit. revue. 1 vol. in-18. Prix, broch.. **60 c.**

Imprimerie de V° DONDEY-DUPRÉ, rue Saint-Louis 46, au Marais.

TRAITÉ

ÉLÉMENTAIRE

DE SPHÈRE,

PRÉCÉDÉ

DE L'EXPOSITION DU SYSTÈME DU MONDE, D'APRÈS LES PLUS
CÉLÈBRES ASTRONOMES,

Destiné aux Élèves des Colléges, des Pensions, des Écoles
normales primaires et des Écoles primaires supérieures.

PAR L.-J. GEORGE,

Secrétaire de l'Académie de Besançon,

ANCIEN PROFESSEUR DE MATHÉMATIQUES ET DE PHYSIQUE GÉNÉRALE.

QUATRIÈME ÉDITION,

AVEC PLANCHE, REVUE ET MODIFIÉE.

PARIS.

LIBRAIRIE ECCLÉSIASTIQUE, CLASSIQUE, ÉLÉMENTAIRE
DE ÉDOUARD TETU ET Cie,
Rue Jean-Jacques Rousseau, 3.
1844—1845.
1844

Tout exemplaire non revêtu de notre griffe sera réputé
contrefait.

Ce Traité de la Sphère est divisé en huit livres.

Le premier présente l'idée qu'on doit se former du Monde, et la signification des termes scientifiques, nécessaire à l'intelligence de l'ouvrage.

Le second renferme l'exposition du véritable système du Monde.

Le troisième donne l'explication des phénomènes qui dépendent des mouvements des astres. Là on s'attache particulièrement à prouver la révolution de la Terre autour du Soleil ; et, ce principe établi, on passe aux phénomènes des Phases de la Lune, puis à ceux des Éclipses.

Le quatrième traite de la Sphère céleste artificielle. On y trouve la définition de tous les points, lignes, cercles, qu'on a imaginés dans le Ciel pour expliquer plus facilement les mouvements des astres.

Le cinquième comprend la description de toutes les parties qui composent la Sphère terrestre ou le Globe.

Le sixième fait connaître les diverses positions de la Terre, et les phénomènes qui en résultent : tels que l'inégalité des jours et des nuits, la variété des Saisons.

Le septième traite du Temps, de sa mesure, de sa division, et des principales périodes qu'on en a formées. Il contient en outre des méthodes simples pour faire correspondre entre elles les années des différents Peuples, et tout ce qui conduit à la connaissance de la Chronologie et de l'Histoire.

Enfin, le huitième offre une série de Problèmes relatifs à l'usage du Globe.

OBSERVATIONS.

Les renvois d'un article à un autre sont indiqués par des nombres placés entre deux parenthèses.

Pour bien comprendre les derniers Livres, il faut avoir sous les yeux une Sphère et un Globe.

TABLE DES MATIÈRES.

FIN DE LA TABLE.

TRAITÉ ÉLÉMENTAIRE

DE SPHÈRE.

LIVRE PREMIER.

DÉFINITIONS.

Du monde en général. — Acceptions différentes du mot nature. — Ce qu'on entend par lumière, par corps lumineux, éclairés, transparents et opaques. — Des corps célestes. — Disque d'un astre. — Phases, orbites, mouvements et station des planètes. — Révolution sidérale. — De l'horizon. — Du lever et du coucher des astres. — Aurore. — Crépuscule.

IDÉE DU MONDE.

1. Le Monde, pris dans le sens le plus général, est l'assemblage de tous les corps que nous apercevons dans l'espace infini qui les embrasse.

2. Selon l'opinion vulgaire, le Monde est composé de deux parties principales, la *Terre* et le *Ciel*.

La *Terre* semble être, au premier aperçu, une vaste surface à peu près plate, qui s'étend circulairement de tous côtés ; lorsqu'on change de lieu sur cette surface, on perd de vue certains pays, on en découvre d'autres, et l'on se croit toujours au centre de l'étendue qu'elle présente.

1

Le *Ciel* nous apparaît ordinairement sous la forme d'une voûte d'azur parsemée de corps lumineux qui semblent y être fixés.

3. Cependant ces apparences nous trompent, et l'observation, en rectifiant nos idées, nous apprend :

1° Que la Terre n'est pas telle que nous la jugeons au premier coup d'œil : sa surface n'est pas plate, mais très-sensiblement convexe ; et sa masse offre une figure arrondie dans tous les sens, isolée dans l'espace, entourée d'un fluide qui l'enveloppe de toutes parts et qu'on appelle *atmosphère*.

2° Que le Ciel n'est pas non plus cette voûte bleue qui nous environne, et qui est produite par l'atmosphère terrestre ; mais que sous cette dénomination, on désigne l'espace immense occupé par les corps célestes.

Telle est donc l'idée que nous attacherons désormais aux deux parties dans lesquelles on divise le Monde.

Signification de quelques termes de Physique et d'Astronomie.

4. Le mot *nature* s'emploie pour exprimer l'ensemble de tous les corps qui composent l'univers.

Quelquefois aussi ce mot sert à désigner la puissance invisible qui régit le monde, et communique à la matière des mouvements soumis à des lois invariables.

5. La *masse* d'un corps est la somme des parties matérielles qui le composent ; son *volume* est l'espace plus ou moins grand que la masse occupe ; sa *figure* est là forme sous laquelle il frappe nos regards.

6. La *place* d'un corps est le lieu qu'il occupe, dans l'espace.

7. Par *phénomènes* on entend les diverses *apparences*

sous lesquelles les corps s'offrent à nous. Quelquefois ces apparences sont accompagnées de circonstances particulières telles qu'on ne peut les observer sans éprouver un sentiment de surprise ou d'admiration.

Cette dénomination s'applique généralement à toute action, à tout effet, à tout mouvement que présente le spectacle de l'Univers.

8. On nomme *phénomènes célestes* ceux qui se passent dans le Ciel, par rapport aux astres.

9. La *lumière* est un fluide qui nous instruit de la présence des corps et des couleurs qui les embellissent.

Elle tend toujours à se propager en ligne droite.

Les physiciens modernes pensent, avec Newton, que la lumière est une émanation réelle des astres, qui lancent de tous côtés une partie de leur propre substance.

10. Le Soleil, la flamme, et tous les corps embrasés, répandent de la lumière autour d'eux. On dit que de tels corps sont *lumineux par eux-mêmes*. D'autres corps rendent l'effet qu'ils ont reçu des premiers, on dit de ceux-ci qu'ils sont *éclairés*.

11. On nomme *transparents*, les corps à travers lesquels la lumière pénètre facilement ; tels sont les fluides, les liquides, et quelques corps solides, parmi lesquels le verre tient la première place. Ceux qui, au contraire, retiennent ou interceptent la lumière, sont des corps *opaques*.

12. L'absence totale de lumière se nomme *obscurité*.

13. L'*ombre* est l'obscurité produite par l'interposition d'un corps opaque ; on la juge d'autant plus noire que les parties voisines sont plus fortement éclairées.

On appelle généralement *ombre*, la configuration de l'espace ombré, qui devient visible sur un second corps opaque placé derrière le premier.

14. L'ombre que jette un globe éclairé par un plus gros, est un cône fini, dont l'axe passe par le centre des deux corps (fig. 1re).

15. On nomme *milieu* un espace que la lumière doit traverser. Il est *rare* ou *dense*, suivant que ses parties matérielles sont très-écartées ou peu éloignées les unes des autres.

16. Un *rayon lumineux* est une file non interrompue d'atomes lumineux qui suivent tous la même direction.

17. De chaque point d'un corps lumineux par lui-même, les rayons se dispersent vers tous les côtés où l'on peut tirer des lignes droites dans le milieu transparent où il se trouve.

Si un rayon de lumière entre dans un milieu transparent plus rare ou plus dense, il éprouve une *réfraction*; c'est-à-dire, il est moins ou plus détourné de sa direction en ligne droite.

Si ce rayon arrive sur la surface polie d'un corps opaque, il est *réfléchi* dans une direction déterminée.

S'il passe très-près d'un corps, il subit une faible *inflexion*, dont les lois ne sont pas invariablement fixées.

Enfin, si la lumière tombe sur un corps opaque et non poli, il se fait en elle des changements très-variables. Dans ce cas le corps est *éclairé*, c'est-à-dire que tous ses points deviennent lumineux, parce qu'il réfléchit la lumière qu'il reçoit vers chaque point où l'on peut mener une ligne droite à travers le milieu transparent. C'est ce qui a lieu pour la Terre, la Lune, et tous les autres corps qui empruntent leur lumière du Soleil.

Souvent on se sert du mot *lumière* pour exprimer la sensation produite par la présence de ce fluide, ou la *clarté* qui l'accomgne toujours. Mais les physiciens, pour distinguer ces deux objets, conservent au premier la dénomination de *lumière*, et emploient celle de *fluide lumineux* pour en désigner la cause intime.

18. On donne le nom d'*attraction* à cette force en vertu de laquelle tous les corps s'approchent ou tendent à s'approcher les uns des autres. Elle n'est connue que par les différents effets qu'elle produit.

Quand elle agit à des distances considérables, comme cela a lieu par rapport aux corps célestes, elle prend le nom de *gravitation*. Alors, c'est elle qui unit les corps en un tout immense et imposant, et qui contient leurs mouvements dans un ordre et une harmonie éternels; si ce lien invisible venait à se rompre, toute la nature retomberait dans le chaos.

19. L'attraction qui règne entre les corps célestes fut soupçonnée par Kepler, qui regardait le soleil comme un vigoureux aimant. Mais la gloire de développer cette heureuse idée était réservée au célèbre Newton. Il a démontré qu'une attraction réciproque existe entre tous les corps de la nature, et qu'elle agit en raison directe de la masse du corps qui attire, et en raison inverse du carré de la distance du corps attiré; c'est-à-dire qu'elle augmente à mesure que la masse croît, et diminue selon que le carré de la distance augmente. Ainsi, la lune serait trois fois plus attirée par le globe terrestre, si celui-ci contenait trois fois plus de matière; et l'astre du jour attirerait neuf fois moins la terre, si elle en était trois fois plus éloignée, parce que le carré de trois est neuf.

Des Corps célestes.

20. Par *corps célestes* on désigne les *astres* qui bril-

lent et se meuvent au-dessus de nos têtes dans la voûte in-
finie que nous appelons le *ciel*.

Ce sont des sphéroïdes un peu aplatis à leurs *pôles*,
c'est-à-dire aux extrémités de l'*axe* sur lequel ils tournent.

21. Les astres que nous voyons briller constamment à
la même place, ou qui n'en changent pas sensiblement, ont
une lumière propre ; ils se nomment *étoiles fixes*, ou sim-
plement *étoiles* ; ceux qui varient de position et répondent
successivement à différents points du ciel, ont été appelés
planètes, c'est-à-dire *étoiles errantes*.

22. Toutes les planètes sont des corps opaques ; elles
reçoivent du soleil la lumière qu'elles réfléchissent vers
nous.

On les a divisées en *planètes principales* et en *planètes
secondaires* : on conserve aux unes la dénomination de
planètes, on donne aux autres celle de *satellites*.

23. On voit aussi de temps à autre des astres qui, d'a-
bord très-petits et peu brillants, augmentent de grandeur,
d'éclat et de vitesse, puis diminuent semblablement, et cessent d'être visibles. Ces astres, ordinairement accompagnés
de longs filets de lumière disposés en forme de *chevelure*
ou de *queue*, ont reçu le nom de *comètes*.

Comme les planètes, celles-ci n'ont qu'une lumière em-
pruntée du soleil qui les éclaire et nous les rend visibles.

Disque d'un Astre.

24. Le disque d'un astre est la partie de sa surface que
nous pouvons apercevoir : sa forme est ordinairement circulaire.

25. Le *diamètre apparent* d'un astre est l'angle sous
lequel on voit la largeur apparente de son disque.

Phases.

26. On nomme *phases* les diverses figures sous lesquelles une planète nous apparaît.

Orbites des Planètes.

27. Les courbes que les planètes décrivent dans le ciel en sont les *orbes* ou *orbites*; ce sont des ellipses, peu différentes du cercle, dont la position reste à peu près constante; elles ont deux foyers situés de chaque côté et à égale distance du centre. Le Soleil occupe un des foyers, en sorte que les planètes sont tantôt plus rapprochées, tantôt plus éloignées de cet astre.

Ces courbes n'ont rien de réel; on les a imaginées pour rendre plus facile l'explication des phénomènes.

28. Le point de l'orbite où une planète est à sa plus grande distance du soleil, se nomme *aphélie;* on appelle *périhélie* celui où elle s'en approche le plus : ces deux points pris ensemble ont reçu le nom d'*apsides;* la droite qui les joint, c'est-à-dire le grand axe de l'orbite, est dite *la ligne des apsides.* Le plan de chaque orbite passe par le centre du soleil.

29. L'*apogée* est le point où un astre est le plus éloigné de la terre, le *périgée* celui où il en est le plus près.

30. L'orbe de la terre est l'*écliptique.* On conçoit le plan qui le renferme, ou le *plan de l'écliptique,* prolongé indéfiniment dans tous les sens, et c'est à ce plan que les astronomes rapportent la position des plans de toutes les autres orbites.

31. Les deux points où l'orbite d'une planète coupe le plan de l'écliptique se nomment *nœuds,* et la droite qui les joint est la *ligne des nœuds.*

Mouvements des Planètes.

32. Chaque planète a deux mouvements : l'un de *translation* qu'elle effectue dans son orbite, l'autre de *rotation* en vertu duquel elle tourne sur son axe.

33. Le mouvement suivant lequel une planète s'avance dans son orbite en allant d'occident en orient, est dit *mouvement direct*; celui qu'elle effectue en sens contraire, c'est-à-dire d'orient en occident, s'appelle *mouvement rétrograde*.

Station des Planètes.

34. Le temps pendant lequel une planète, vue de la Terre, semble rester au même point du ciel en est la *station*; elle a lieu entre les mouvements direct et rétrograde, lorsque la planète passe de l'un à l'autre.

Révolution sidérale.

35. On appelle *révolution sidérale* ou *temps périodique*, le temps qu'un astre met à revenir au même point du ciel, c'est-à-dire à décrire 360 degrés.

De l'Horizon.

36. L'*horizon*, pour chaque point de la terre, est l'espace circulaire qui limite notre vue lorsque nous regardons autour de nous. Ce cercle sépare la partie visible du ciel de celle qui ne l'est pas.

37. Le *lever* d'un astre est l'instant où il apparaît sur l'horizon, son *coucher* est celui de sa disparition.

Le côté du ciel où les astres se lèvent se nomme *orient*; on appelle *occident* celui où ils se couchent.

Aurore. — Crépuscule.

38. L'*aurore* est la lumière faible qu'on aperçoit quelques instants avant le lever du soleil; le *crépuscule* est celle qui dure encore après le coucher de cet astre.

LIVRE II.

EXPOSITION DU SYSTÈME DU MONDE.

Ce qu'on entend par ce système, moyen de s'en former une idée. — Du système solaire. Figure qui le représente. — Description des astres composant l'un et l'autre système. — Du Soleil. — Des Planètes. — Des satellites. — La Lune. Ses montagnes. — Satellites de Jupiter, de Saturne et d'Uranus. — Des Comètes. — Nébulosité, queue et noyau des Comètes. — Les Étoiles. Leur division en constellations. — Étoiles changeantes. — Voie lactée. — Nébuleuses. — Scintillation des Étoiles. — Résumé.

DU SYSTÈME DU MONDE.

39. On nomme *système du monde* l'arrangement de tous les corps célestes, présenté suivant leur véritable position relative et l'ordre dans lequel ils se meuvent dans l'espace. Il donne les moyens d'expliquer facilement les révolutions des astres et les phénomènes qui en résultent.

40. Ce système comprend le soleil, les planètes, les comètes et les étoiles; la fig. 2 peut en donner une idée exacte.

En S se trouve le soleil, ensuite viennent les planètes qui tournent autour de lui, ainsi que les comètes qui s'en approchent le plus, comme elles s'en éloignent à des distances infiniment plus considérables; au delà, les étoiles fixes

1.

brillant de leur propre éclat, et que l'on croit être des soleils semblables au nôtre ; enfin vient le vide immense sur quel nous ne pouvons assigner de grandeur ni de limites, et que nous avons appelé *ciel*.

De notre système planétaire.

41. Parmi les corps célestes, il en est trente qui forment, avec les comètes dont le nombre n'est pas déterminé, ce qu'on appelle le *système solaire*, ou *notre système planétaire*. Le Soleil seul, au milieu d'eux, brille de sa propre lumière ; elle s'étend sur les vingt-neuf autres, les éclaire et les rend visibles dans leurs révolutions autour de cet astre.

La figure 5 représente tout le système solaire dans sa vraie disposition naturelle. On y distingue onze *planètes* et dix-huit *satellites*. Les planètes, dans leur mouvement de translation, entraînent leurs satellites respectifs, assujettis à tourner autour d'elles, comme celles-ci le sont à tourner autour du soleil.

DU SOLEIL.

42. Le *Soleil* est un globe immense, placé au centre de notre système planétaire, dont le diamètre moyen est de 14 114 122 040 mètres. Il tourne sur lui-même en 25 jours 6 heures 48 minutes ; sa surface est partout également recouverte d'un océan de matière lumineuse dont les vives effervescences forment des taches noires, variables, souvent très-nombreuses, et quelquefois plus grandes que la Terre. Au-dessus de cet océan s'élève une vaste atmosphère ; c'est au delà que les planètes, leurs satellites et les comètes se meuvent dans des orbes elliptiques.

Cet astre est à la fois la source de la chaleur qui féconde la Terre et celle de la lumière qui nous éclaire. Sans le Soleil, nous serions plongés dans la nuit la plus sombre, nous éprouverions le froid le plus insupportable ; c'est lui qui forme les jours, les saisons, les années ; sa chaleur bien-faisante est nécessaire à la conservation des animaux et des plantes, qu'elle fait éclore. L'analogie conduit à penser qu'elle produit de semblables effets sur les autres planètes.

DES PLANÈTES.

43. Les planètes, dans l'ordre de leur proximité du Soleil, sont *Mercure*, *Vénus*, la *Terre*, *Mars*, *Vesta*, *Junon*, *Cérès*, *Pallas*, *Jupiter*, *Saturne* et *Uranus*.

44. Mercure, Vénus, Mars, Jupiter et Saturne qu'on aperçoit à la vue simple, sont connus depuis la plus haute antiquité ; les autres ont été découvertes de nos jours à l'aide du télescope.

45. La plupart des planètes font leurs révolutions dans une zone du ciel qu'on appelle *zodiaque*, et qui s'étend de 8 degrés au-dessus et au-dessous du plan de l'écliptique ; cependant cette zone ne suffit pas pour les comprendre toutes ; car Cérès, Junon et surtout Pallas s'en écartent beaucoup.

46. Mercure et Vénus ont reçu le nom de *planètes infé-rieures*, parce que leur distance au Soleil est moindre que celle de la Terre ; leurs orbites sont donc embrassées par l'écliptique.

Les autres planètes, dont les orbites enveloppent celle de la Terre, sont dites *supérieures*.

MERCURE.

47. *Mercure* est la planète la plus voisine du Soleil ; sa distance est d'environ 59 544 285 000 mètres ; il fait sa révolution sidérale en 87 jours 23 h. 14' 30''. Mercure émet une lumière blanche très-brillante, et nous paraît toujours près du Soleil.

48. Les phases que présente Mercure, et ses passages sur le disque du Soleil, pendant lesquels cette planète apparaît sous la forme d'une tache noire qui décrit une corde de ce disque, prouvent qu'elle emprunte de cet astre la lumière dont elle brille.

On croit que Mercure est hérissé de montagnes qui auraient jusqu'à 14 000 mètres d'élévation.

VÉNUS.

49. *Vénus* est après Mercure la planète qui s'écarte le moins du Soleil; sa distance moyenne à cet astre est de 109 435 800 000 mètres; elle effectue sa révolution sidérale en 224 jours 16 h. 41′ 27″.

50. Comme Mercure, elle se projette sur le disque du Soleil sous la figure d'une tache noire, qui semble en décrire une corde; elle offre aussi les mêmes aspects, avec cette différence que ses phases sont beaucoup plus sensibles et leur durée plus grande : ce qui nous apprend que cette planète est un corps opaque qui n'a d'autre lumière que celle qu'elle réfléchit du Soleil.

51. Vénus surpasse en clarté toutes les autres planètes, et les étoiles même; elle est quelquefois si brillante qu'on la voit à la vue simple en plein jour.

Les taches que l'on remarque à sa surface ont servi à déterminer son mouvement de rotation autour de son axe.

52. Shrœter, par des observations minutieuses, y a reconnu l'existence de très-hautes montagnes; et par la loi de la dégradation de la lumière, dans le passage de la partie obscure à sa partie éclairée, il a jugé la planète environnée d'une atmosphère étendue dont la force réfractive est peu différente de celle de l'atmosphère terrestre.

53. Quand le matin, Vénus précède le Soleil, on l'appelle communément *étoile du matin;* le soir, lorsqu'elle le suit, on la nomme *étoile du berger.*

LA TERRE.

54. La *Terre* est la planète que nous habitons ; elle nous semble immobile au centre de l'univers, quoiqu'elle ait, comme toutes les autres, un mouvement de rotation sur son axe et un de translation qu'elle effectue dans le plan même de l'écliptique.

55. La distance moyenne de la Terre au Soleil est de 152 888 250 000 mètres ; elle emploie 23 heures 56 minutes 4 secondes à tourner sur son axe, et parcourt son orbite en 365 jours 6 heures 9 minutes 11 secondes, qui forment ce qu'on appelle l'*année sidérale.* Plus loin nous nous étendrons davantage sur cette planète dans un article qui lui sera destiné tout entier.

MARS.

56. La quatrième planète est *Mars;* elle nous paraît se mouvoir autour de la Terre d'occident en orient, quoique son mouvement de translation s'effectue autour du Soleil, dont elle est éloignée, dans sa distance moyenne, de 231 746 400 000 mètres ; elle revient au même point du ciel en 686 jours 22 h. 18′ 27″.

57. Lorsqu'on observe cette planète au télescope, on voit son disque changer de forme et devenir sensiblement ovale, suivant sa position relative au Soleil ; ces phases prouvent qu'elle en reçoit la lumière.

Cet astre est rougeâtre, et sa surface présente des taches

avec des formes très-variées. On a remarqué que deux d'entre elles qui entourent ses pôles, augmentent ou diminuent suivant qu'elles se trouvent exposées au soleil d'une manière plus ou moins oblique : on croit, par cette raison, qu'elles peuvent être des amas d'eau congelée analogues à nos glaces polaires.

VESTA.

58. *Vesta* est une nouvelle planète qui fut découverte par Olbers, le 29 mars 1807. Sa distance moyenne au Soleil est d'environ 346 040 250 000 mètres, et sa révolution annuelle de 1335 jours 4 h. 55′ 12″.

Cette planète est blanche et pure ; on n'observe pas d'atmosphère autour d'elle.

JUNON.

59. Après Vesta vient *Junon*, planète découverte par Harding, le 1er septembre 1804. Sa distance moyenne au Soleil est 391 072 050 000 mètres, et sa période annuelle de 1590 j. 23 h. 57′ 7″.

CÉRÈS.

60. Cette planète fut découverte par Piazzi, qui l'observa le 1er janvier 1801. Elle est éloignée du Soleil de 123 259 050 000 mètres. Herschell l'a vue d'une couleur rougeâtre faible, il croit qu'elle a une atmosphère. Son mouvement sidéral est de 1681 j. 12 h. 56′ 9″.

PALLAS.

61. *Pallas*, planète reconnue par Olbers le 28 mars 1802, se trouve écartée du Soleil, dans sa distance moyenne, de 424 868 400 000 mètres. C'est la plus petite planète connue de tout le système solaire : elle a une couleur blan-

quatre et paraît peu distincte, même avec une lunette qui grossit 300 fois. Sa révolution sidérale a lieu en 1681 j. 17 h. 37".

Ces quatre dernières planètes sont souvent désignées sous le nom de *planètes télescopiques*, parce qu'elles ne sont point visibles à l'œil nu, et plus ordinairement sous celui d'*astéroïdes*, à cause de la petitesse apparente de leur volume.

JUPITER.

62. *Jupiter*, la plus grande des planètes de notre système, accomplit sa période sidérale en 4332 j. 14 h. 18' environ. Sa distance moyenne est de 802 728 920 880 m.

63. On remarque à la surface de Jupiter plusieurs bandes obscures, sensiblement parallèles entre elles et à l'écliptique : on y observe encore d'autres taches dont le mouvement a fait connaître la rotation de cette planète, d'occident en orient, sur un axe presque perpendiculaire au plan de l'orbe de la Terre. Les variations de quelques-unes de ces taches, et les différences sensibles dans la durée de la rotation conclue de leurs mouvements, donnent lieu de croire qu'elles ne sont point adhérentes à Jupiter : elles paraissent être autant de nuages que les vents transportent avec différentes vitesses dans une atmosphère très-agitée.

Jupiter est, après Vénus, la plus brillante des planètes, quelquefois même il la surpasse en clarté.

SATURNE.

64. *Saturne* emprunte sa lumière du Soleil, dont il est éloigné d'environ 147 243 098 400 mètres ; la durée de sa révolution sidérale, qui se fait presque dans le plan de l'écliptique, est de 10758 j. 23 h. 16 ' 48 ". La pâleur de sa lumière fait que, à l'œil nu, on la distingue à peine d'une étoile fixe.

65. Près de son équateur on observe des bandes analogues à celles de Jupiter ; mais ce qui le caractérise particulièrement, c'est l'anneau lumineux qui l'environne.

Anneau de Saturne.

66. Cet anneau (fig. 4) est une espèce de couronne large et mince qui entoure la planète, et qui s'en trouve séparée entièrement par un espace vide, à travers lequel on voit le ciel et les petites étoiles que le hasard y fait rencontrer.

Il est opaque et nous réfléchit la lumière du Soleil qui l'éclaire. Son opacité et celle de Saturne sont prouvées à la fois par l'ombre très-sensible que l'arc antérieur de l'anneau projette sur le disque de la planète, et par l'ombre que la planète elle-même projette sur l'arc postérieur de l'anneau.

Sa largeur apparente est presque égale à sa distance à la surface de Saturne ; l'une et l'autre sont à peu près le tiers du diamètre de la planète. Il fait sa rotation, d'occident en orient, dans l'espace de 10 h. 20 ′ 17 ″, autour d'un axe perpendiculaire à son plan et passant par le centre de Saturne.

La surface de l'anneau n'est pas continue, des bandes noires et concentriques la séparent en plusieurs parties qui semblent former autant d'anneaux distincts.

67. Cet anneau devient invisible après avoir diminué par degrés, et alors Saturne paraît rond comme les autres planètes. Bientôt l'anneau reparaît sous la forme d'un trait de lumière ; il acquiert plus de largeur, et revient à ses premières dimensions.

URANUS.

68. La planète *Uranus*, découverte par Herschell, le 13 mars 1781, semble, par son extrême éloignement du Soleil, être située aux confins du système planétaire. Sa distance moyenne est de 2 945 120 487 000 mètres ; la durée de sa révolution sidérale de 30688 j. 17 h. 6′ 43″.

DES SATELLITES.

69. On nomme *Satellites* de petits astres opaques, non lumineux par eux-mêmes et éclairés par le Soleil, qui se meuvent autour des planètes primitives, et sont emportés par ces dernières dans les révolutions qu'elles font autour du Soleil.

70. La Terre, Jupiter, Saturne et Uranus sont jusqu'alors les seules planètes auxquelles on a reconnu des satellites. La Terre en a un, qui est la *Lune ;* Jupiter en a quatre ; Saturne, sept ; Uranus, six.

Ces petits astres, à l'exception de la Lune, ne sont visibles qu'à l'aide du télescope.

71. On appelle *premier satellite* celui qui s'écarte le moins de la planète ; *second satellite* celui qui vient après ; et de même on détermine le rang des autres. Tous se meuvent, d'occident en orient, dans des orbes plus ou moins inclinés sur celui de la planète qui les emporte avec elle.

LA LUNE.

72. Après le Soleil, la Lune est pour nous l'astre le plus intéressant ; c'est un corps opaque et sphérique, qui nous réfléchit la lumière du Soleil : son opacité est prouvée par ses phases, et la sphéricité de sa figure par la courbe qui la termine constamment.

Lune se meut dans un orbe elliptique dont

la Terre occupe un des foyers ; sa distance moyenne de la Terre égale 60 demi-diamètres de cet astre, ou 386 144 000 mètres ; elle est donc, comparativement aux autres astres, très-près de nous. C'est à cette proximité qu'elle doit de paraître si grande et si lumineuse.

La durée de la révolution sidérale de la Lune autour de la Terre, et, qu'on appelle son *mois périodique*, est d'environ 27 jours 7 h. 43′ 11″ ; elle emploie le même temps à tourner sur son axe.

74. Notre planète éclaire la Lune pendant ses nuits, comme cet astre nous éclaire durant les nôtres ; et c'est par la lumière réfléchie de la Terre qu'on voit la Lune, quand elle n'est pas éclairée par le Soleil.

Montagnes de la Lune.

75. Des montagnes d'une grande hauteur s'élèvent à la surface de la Lune ; leurs ombres projetées sur les plaines y forment des taches qui varient avec la position du Soleil. On voit, au bord de la partie éclairée du disque lunaire, ces montagnes sous la forme d'une dentelure, qui s'étend au delà de la ligne de lumière, d'une quantité dont la mesure a fait connaître que leur hauteur est au moins de 3000 mètres. On reconnaît encore, par la direction des ombres, que la surface de la Lune est parsemée de profondes cavités semblables aux bassins de nos mers. Enfin, la surface lunaire paraît offrir des traces d'éruptions volcaniques : la formation de nouvelles taches, et des étincelles observées plusieurs fois, dans sa partie obscure, semblent même y indiquer des volcans en activité.

SATELLITES DE JUPITER.

76. Jupiter est entouré de quatre satellites qui l'accomgnent sans cesse, et dont les configurations changent à tout moment. Galilée les découvrit en 1610, et les nomma *Astres de Médicis*. Ils effectuent leur mouvement autour de Jupiter dans des orbes très-peu elliptiques. On les voit quelquefois passer sur le disque de la planète, en y projetant leur ombre, qui alors décrit une corde de ce disque; d'où l'on conclut que Jupiter et ses satellites sont des corps opaques, éclairés par le Soleil.

SATELLITES DE SATURNE.

77. Indépendamment de son anneau, Saturne a sept satellites en mouvement autour de lui.

Le grand éloignement des satellites de Saturne et la difficulté d'observer leur position, n'ont pas permis jusqu'à présent de reconnaître l'ellipticité de leurs orbites. Cependant on a déjà remarqué que celle de l'orbe du septième satellite est sensible.

SATELLITES D'URANUS.

78. Les six satellites d'Uranus se meuvent autour de lui dans des orbes presque circulaires et perpendiculaires à peu près au plan de l'écliptique; Herschell les a reconnus au moyen d'un télescope.

DES COMÈTES.

79. Ces astres, qui font partie de notre système planétaire, paraissent constamment du côté opposé au Soleil.

Leurs mouvements propres ont lieu dans tous les sens, et n'affectent pas exclusivement, comme ceux des planètes, la direction d'occident en orient. Il en est qui se meuvent dans le plan de l'écliptique ou dans le zodiaque; d'autres suivent des directions diverses, même perpendiculaires à l'écliptique.

80. Les comètes ne sont visibles pour nous que dans une très-petite partie de leur orbite, c'est-à-dire qu'en approchant du périhélie : l'aphélie est si éloigné de la Terre, qu'il est impossible de les y apercevoir. Après avoir brillé d'un éclat plus ou moins vif pendant quelques semaines ou quelques mois, elles se plongent dans l'immensité du Ciel, qui les dérobe à nos regards pour une longue suite d'années.

81. La nébulosité dont les comètes sont accompagnées paraît être formée par les vapeurs que la chaleur du Soleil élève de leur surface. Quant aux queues, elles ne sont autre chose que ces mêmes vapeurs fortement raréfiées et transportées à une grande distance par l'impulsion des rayons solaires.

On aperçoit les plus petites étoiles au travers des queues des comètes ; et comme l'épaisseur de ces queues surpasse souvent un million de lieues, il faut que la matière dont elles sont formées soit d'une rareté extrême : ces queues ne peuvent donc apporter le plus léger obstacle aux mouvements des planètes.

Ce qu'on appelle *noyau* des comètes ne paraît être que la partie la plus dense de la nébulosité qui les environne ; cette nébulosité et la queue acquièrent l'une et l'autre leur plus grand éclat peu de jours après le passage de la comète à la plus petite distance du Soleil, lorsque la chaleur que cet astre lui communique est parvenue à son *maximum*.

82. On n'a point vu de queue plus étendue que celle de la comète de 1680, parce qu'elle passa très-près du Soleil. Dans le moment de sa plus grande proximité de cet astre (elle en était alors 166 fois moins éloignée que notre planète), on a trouvé qu'elle éprouva une chaleur 27 000 fois plus forte que celle que le Soleil communique à la Terre. Cette chaleur, très-supérieure à celle que nous pouvons produire, et qui, d'après l'évaluation de Newton, équivaut à 2000 fois environ celle d'un fer rouge, volatiliserait probablement la plupart des substances terrestres.

83. La plus petite distance de la comète de 1759 au Soleil est à peu près égale à 10 millions de lieues ; mais lorsque après 38 ans elle a atteint l'autre extrémité de son orbite, elle est éloignée du même astre d'environ 1200 millions de lieues. Cette comète étant cependant, d'après toutes les comètes connues, celle qui s'éloigne le moins du Soleil, on peut imaginer les grandes révolutions que les seules variations de température doivent produire sur ces astres.

DES ÉTOILES.

84. Si l'on jette un regard au delà du système planétaire, on y voit une quantité innombrable de corps lumineux par eux-mêmes, qui ne changent pas de position respective, et qui sont si éloignés de la Terre qu'on n'a jamais pu mesurer leur distance, même par approximation (*). Ces corps, auxquels on a donné le nom d'*étoiles*, paraissent situés aux confins de l'univers ; leur diamètre apparent est si petit, qu'il ne nous les présente que comme des points lumineux, quand on les observe avec un bon télescope.

85. On a divisé les étoiles en plusieurs classes, à raison

(*) Après bien des tentatives, on est cependant parvenu à déterminer que la distance des Étoiles à la Terre surpasse de beaucoup sept trillions de lieues. Ceci ne nous fait pas connaître leur éloignement, mais nous donne au moins une limite certaine au delà de laquelle ces corps sont situés.

de leur éclat. Les plus brillantes se nomment *étoiles de la première grandeur ;* les autres sont *de la seconde, de la troisième*, et ainsi de suite jusqu'à *la douzième*. On ne peut apercevoir, à la vue simple, que celles des six premières classes.

86. La vivacité de la lumière des plus belles étoiles, comparée à l'énorme distance qui nous en sépare, ne nous permet pas de douter qu'elles ne brillent d'un feu qui leur est propre ; et comme les plus petites sont soumises aux mêmes mouvements que les plus brillantes, et que leur situation respective est constante, il est bien probable que toutes les étoiles sont de la même nature, qu'elles sont toutes des corps lumineux, plus ou moins gros, répandus dans l'immensité de l'espace à des distances différentes, et qui, semblables au Soleil, peuvent être les foyers d'autant de systèmes planétaires.

CONSTELLATIONS.

87. Les *constellations* sont des groupes d'étoiles auxquels on a donné des noms d'hommes, d'animaux, et même de choses inanimées, comme instruments, machines, etc., qui, d'après la Fable, ont été transportés au ciel.

Les pasteurs, qui habitaient les plaines de Babylone et de l'Égypte, furent les premiers qui se livrèrent à la contemplation des Étoiles et qui les divisèrent en constellations.

L'ancien catalogue des Étoiles renfermait quarante-huit constellations ; dans celui des modernes, on en compte jusqu'à cent.

Étoiles changeantes.

88. On nomme *étoiles changeantes* celles dont l'éclat éprouve des variations périodiques.

Parmi ces étoiles, il y en a qui paraissent tout à coup, et qui s'évanouissent après avoir brillé du plus vif éclat.

Voie lactée.

88. La *voie lactée*, autrefois appelée le *cercle de Junon* ou le *chemin de Saint-Jacques*, est une lumière blanche, de figure irrégulière, qui entoure le ciel en forme de ceinture.

Des observations, faites au moyen du télescope, y ont fait découvrir un si grand nombre de petites étoiles, qu'on peut croire que la voie lactée n'est que la réunion de ces étoiles, qui nous paraissent assez rapprochées pour offrir l'image d'une lumière continue.

Nébuleuses.

90. On a donné le nom de *nébuleuses* à de petites blancheurs qu'on aperçoit dans diverses parties du ciel.

Les nébuleuses semblent être de la même nature que la voie lactée : plusieurs d'entre elles, vues à l'aide du télescope, offrent également la réunion d'une multitude de petites étoiles ; d'autres ne présentent qu'une lumière blanche et continue, peut-être à cause de leur grande distance qui confond la lumière des étoiles dont elles sont formées.

Scintillation des Étoiles.

91. On nomme *scintillation* le tremblement continuel dont la lumière des étoiles est agitée. Elle n'a pas lieu, ou du moins elle est très-faible, dans les planètes.

Ce phénomène est attribué aux vapeurs qui passent entre l'œil et ces astres; leur diamètre apparent est si petit, que le mouvement de quelques molécules suffit pour les cacher et les montrer alternativement.

Il y a des voyageurs qui assurent que les étoiles ne scintillent pas dans les contrées arides, où l'air pur et tranquille ne contient que très-peu de substances étrangères.

RÉSUMÉ.

92. Telle est donc la structure de l'Univers : ici, des globes énormes, situés à des distances immenses les uns des autres, roulent dans l'espace infini qui les embrasse tous, en suivant une règle constante et immuable qui les force à se mouvoir autour d'un même centre, le Soleil, et conservent ensemble une harmonie si parfaite, qu'ils ne s'entre-choquent pas dans leurs courses rapides et continuelles. Là, d'innombrables comètes, qui, selon leur proximité ou leur éloignement du Soleil, nous deviennent visibles ou se cachent à nos regards, se meuvent dans tous les sens avec une vitesse qui effraye l'imagination. Plus loin, et à des distances plus immenses encore, sont placés des milliers de corps étincelants, foyers peut-être d'autant de systèmes planétaires semblables au nôtre, et qui paraissent terminer de toutes parts le vaste et merveilleux Univers...

LIVRE III.

DES PRINCIPAUX PHÉNOMÈNES CÉLESTES.

Mouvement diurne du Ciel. — Mouvement annuel du Soleil. — Orbite apparente de cet astre. — Sa rotation. — Phénomènes semblables présentés par les Planètes. — Preuves de la rotation de la Terre. — Conjonction et opposition des Planètes avec le Soleil. — Différents états des Planètes. — Phases de la Lune. — Des éclipses en général. — Des éclipses de Lune. — Phénomènes que présente quelquefois la Lune quand elle est éclipsée. — Des éclipses de Soleil. — Image des éclipses totales de Soleil. — Spectacle imposant qu'elles présentent.

MOUVEMENT DIURNE DU CIEL.

93. Ce mouvement est celui qui paraît entraîner tous les corps célestes autour de l'axe du Monde, en allant d'orient en occident.

Dans ce mouvement, on observe que tous les astres décrivent, en 24 heures, des cercles parallèles à l'équateur, et dont la grandeur diminue à mesure qu'ils s'approchent des pôles, qui sont immobiles.

94. Le mouvement diurne du Ciel n'est qu'apparent ; il est causé par celui de la Terre, en vertu duquel cette planète emploie un jour à tourner sur elle-même.

2

Mouvement annuel du Soleil.

95. Indépendamment du mouvement diurne, le Soleil paraît encore animé d'un second mouvement qui fait que nous le voyons parcourir 360 degrés, en allant d'occident en orient, dans l'espace d'une année, et qu'on nomme pour cette raison *mouvement annuel*.

96. Ce mouvement n'est pas plus réel que le premier; il est dû à la révolution sidérale de la Terre, qui a lieu en 365 jours 6 h. 9' 11" (55).

Orbite apparente du Soleil.

97. Dans le même temps que la Terre emploie à parcourir son orbe tout entier, le Soleil paraît aussi en décrire un semblable dans le ciel, auquel on a donné le nom d'*ecliptique*. On l'imagine formé par l'intersection de la sphère céleste avec le plan de l'écliptique (50).

Mouvement du Soleil sur son axe.

98. Les taches noires et irrégulières que l'on aperçoit souvent sur la surface du Soleil nous expliquent le phénomène de la rotation solaire sur son axe. En effet, si ce mouvement n'existait pas, le Soleil ne tournerait successivement toute sa surface vers la Terre qu'une fois dans le cours de l'année; mais il n'en est pas ainsi, et l'observation suivie de ces taches prouve l'existence de ce mouvement, en nous apprenant que le Soleil montre sa surface entière aux habitants de la Terre dans l'espace de 25 jours et demi.

Rotation des Planètes.

99. Mars, Jupiter et Vénus nous présentent des phénomènes semblables à celui que nous offre le Soleil; on

marque sur leur surface des taches animées d'un mouvement très-sensible, qui atteste leur mouvement de rotation.

100. On a déterminé récemment les rotations de Mercure et de Saturne; celles de Vesta, Junon, Cérès, Pallas
et Uranus ne sont pas encore connues. L'extrême éloignement d'Uranus empêche d'y observer des taches, et les
autres planètes se trouvent situées de manière que les leurs
ne sont pas visibles; en sorte qu'on ne peut encore consta-
ter la rotation de ces planètes. Mais l'analogie, ce lien
puissant qui unit toutes les parties de l'univers, porte à
croire que ces cinq planètes jouissent, comme les autres,
d'un mouvement de rotation.

101. La Terre tourne sur son axe en 23 h. 56′ 4″;
pendant que le spectateur placé sur sa surface est trans-
porté avec elle, il se croit en repos, et tous les corps célestes lui paraissent animés d'un mouvement plus ou
moins rapide, qui produit le phénomène dont nous avons
parlé (94).

Preuve de la rotation de la Terre.

102. Pour que la Terre fût immobile au centre du
Monde, il faudrait que tous les astres fissent leur révolution autour de nous dans l'espace d'un jour. Ils seraient
animés d'une vitesse qui effraye l'imagination la plus har-
die; le Soleil décrirait la circonférence d'un cercle qui aurait un rayon de 35 millions de lieues, ce qui suppose
une vitesse d'environ 2,500 lieues par seconde. Celle des
étoiles excéderait 500 millions de lieues, puisque leur distance à la terre est au moins de 7 trillions de lieues (85).

La rotation de la Terre n'exige pas une grande vitesse,
car les différents points de son équateur ne parcourent que

39 996 kilomètres, en 23 h. 56′ 4″, ou environ 450 mètres par seconde. D'ailleurs, ce mouvement explique tous les phénomènes avec tant de simplicité, qu'on serait forcé de l'admettre quand même il ne serait pas bien démontré.

Conjonction et opposition des Planètes avec le Soleil.

103. On dit qu'une planète est en *conjonction* avec le Soleil quand on voit ces deux astres correspondre au même point du Ciel. L'*opposition* a lieu chaque fois que la planète et le Soleil répondent à deux points opposés du ciel par rapport à la Terre, et éloignés l'un de l'autre de 180 degrés.

104. Puisque l'orbite de la Terre embrasse celle des planètes inférieures (46), la Terre ne peut jamais se trouver entre le Soleil et ces planètes ; de là il suit que les planètes inférieures ne sont jamais en opposition avec le Soleil.

105. Les planètes inférieures étant moins distantes du Soleil que la Terre, elles achèvent leurs révolutions dans un temps plus court ; ainsi elles passent entre la Terre et le Soleil, et se meuvent ensuite au delà de cet astre par rapport à nous. Elles se trouvent donc deux fois en conjonction avec le Soleil pendant leur révolution sidérale, savoir : 1° lorsqu'elles sont entre le Soleil et la Terre ; 2° quand le Soleil est entre la Terre et les planètes.

La première est appelée *conjonction inférieure*, la seconde *conjonction supérieure*.

Différents états des Planètes.

106. Lorsque, placé sur la Terre, on observe la marche d'une planète pendant sa révolution autour du Soleil, il est facile de s'apercevoir que son mouvement éprouve des variations singulières. Il y a des moments où la planète s'avance d'occident en orient ; alors on dit qu'elle est *directe*. Quelque temps après elle nous paraît immobile et répondre toujours au même point du Ciel ; dans cet état, on la nomme *stationnaire*, et la durée de ce repos apparent prend le nom de *station*. Enfin, nous la voyons aller d'orient en occident, et on l'appelle *rétrograde*.

107. Une planète supérieure est *rétrograde* lorsqu'elle est en opposition avec le Soleil ; elle est *directe* vers le temps de la conjonction, *stationnaire* avant et après l'opposition.

108. Les planètes inférieures sont *rétrogrades* vers le temps de leur conjonction inférieure, *directes* dans leur conjonction supérieure, *stationnaires* entre les deux conjonctions.

109. Le *mouvement rétrograde* et l'*état stationnaire* des planètes ne sont qu'apparents et causés par le mouvement de la Terre.

Révolution synodique de la Lune.

110. On donne le nom de *révolution synodique* ou de *mois lunaire* au temps qui s'écoule entre deux conjonctions consécutives de la Lune avec le Soleil. Sa durée est de 29 jours 17 h. 44' 3''.

Quand la Lune a parcouru 360 degrés, elle ne retrouve pas le Soleil au point qu'il occupait précédemment ; cet astre s'est avancé vers l'orient d'environ 27 degrés, et la conjonction n'arrive qu'après deux jours et quelques heures, temps qui exprime la différence entre les durées des révolutions synodique et sidérale (73) de la Lune.

Des phases de la Lune.

111. Les *phases* de la Lune sont les différents aspects sous lesquels elle s'offre à nous pendant le cours de sa révolution synodique.

112. On en distingue quatre principales, qui sont : la *nouvelle Lune* ou la *conjonction*, le *premier quartier*, la *pleine Lune* ou l'*opposition*, et le *dernier quartier*.

EXPLICATION.

Première phase. Lorsque la Lune est en conjonction avec le Soleil, son hémisphère éclairé n'est pas tourné vers la Terre, et dans ce point la Lune est tout à fait invisible ; c'est la *nouvelle Lune*.

Deuxième phase. Pendant que la Lune est portée dans son orbite de la conjonction à l'opposition, l'hémisphère éclairé, qui est toujours du côté du Soleil, commence à se faire apercevoir de la Terre, d'abord sous la forme d'un faible croissant lumineux, qui s'accroît sensiblement de jour en jour, et dont les pointes sont tournées vers l'orient. Arrivée au quart de sa course, c'est-à-dire après avoir parcouru 90 degrés, elle présente la moitié de son disque éclairé ; alors la Lune est dite dans son *premier quartier*.

Troisième phase. Cet astre continuant à s'éloigner du Soleil, sa partie lumineuse augmente de plus en plus et devient un cercle entier de lumière lorsqu'il se trouve en opposition avec le Soleil. Cet aspect se nomme la *pleine Lune*.

Quatrième phase. Quand ensuite, se rapprochant du Soleil, la Lune ne montre plus que la moitié de son disque lumineux, elle a décrit les trois quarts de son orbite, et nous avons le *dernier quartier*.

Ce demi-cercle devient ensuite un croissant qui diminue jusqu'à ce que la Lune arrive de nouveau à la conjonction, qu'elle est invisible, et ses phases recommencent avec sa révolution.

La figure 5 offre l'image de toutes ces variations.

Syzygies. Quadratures.

113. On appelle *syzygies* les points de l'orbe de la Lune où cet astre se trouve en conjonction et en opposition avec le Soleil, c'est-à-dire ceux dans lesquels on a la *nouvelle* et la *pleine Lune*. La droite, qui joint ces deux points, se nomme la *ligne des syzygies*.

114. Les *quadratures* sont les points de l'orbite où la Lune est dans son *premier* et son *dernier quartier*. La droite, que l'on imagine menée de l'un à l'autre de ces points, s'appelle *ligne des quadratures*.

Lumière cendrée.

115. On donne le nom de *lumière cendrée* à la faible clarté que l'on observe sur la partie obscure de la Lune quelques jours avant et après la conjonction, et qui nous laisse apercevoir encore cette partie du disque lunaire privée de la lumière du Soleil.

116. Ce phénomène est dû à la lumière que l'hémisphère éclairé de la Terre réfléchit sur la Lune ; et ce qui le prouve, c'est qu'il est plus sensible vers la nouvelle Lune, quand une plus grande partie de cet hémisphère est dirigée vers cet astre.

DES ÉCLIPSES.

117. On nomme *éclipse* l'obscurcissement total ou partiel d'un astre qui, un instant auparavant, brillait aux regards de l'observateur placé sur la surface de la Terre.

Nous ne parlerons que des éclipses de Lune et de Soleil, qui nous intéressent le plus, parce qu'elles ont été pendant longtemps l'objet de la frayeur des hommes.

Des éclipses de Lune.

118. La Lune ne peut s'éclipser que par l'interposition d'un corps opaque qui lui dérobe en tout ou en partie la lumière du Soleil, et il est visible que ce córps est la Terre, puisque les éclipses de Lune n'arrivent jamais que dans ses oppositions, c'est-à-dire lorsque la Terre se trouve placée entre cet astre et le Soleil.

Le globe terrestre projette derrière lui, relativement au Soleil, un cône d'ombre dont l'axe est sur la droite qui joint les centres de la Terre et du Soleil, et qui se termine au point où les diamètres apparents de ces deux corps sont les mêmes. Or, on a trouvé que le cône d'ombre terrestre a une longueur au moins trois fois et demie plus grande que la distance de la Lune à la Terre, et que sa largeur, aux points où il est traversé par la Lune, surpasse le double du diamètre lunaire. Il est donc évident qu'il y aurait éclipse de Lune toutes les fois qu'elle est en opposition avec le Soleil, si le plan de son orbe et celui de l'écliptique se confondaient ensemble ; mais à cause de l'inclinaison de ces plans, qui peut varier depuis 0" jusqu'à 4° 30′, il arrive que la Lune, dans ses oppositions, est souvent élevée au-dessus ou abaissée au-dessous du cône d'ombre terrestre ; de sorte qu'elle n'y pénètre réellement que quand elle passe par ses nœuds ou près de ses nœuds.

119. Si le disque de la Lune ne s'enfonce qu'en partie dans l'ombre de la Terre, l'éclipse est *partielle ;* s'il y pénètre entièrement, elle est *totale ;* enfin, l'éclipse est *centrale* lorsque le centre de la Lune coïncide avec un point de l'axe même du cône d'ombre ; ce qui ne peut avoir lieu que quand cet astre, en opposition avec le Soleil, se trouve dans un de ses nœuds.

Ces trois cas sont représentés par la figure 6.

120. Pour estimer la grandeur d'une éclipse lunaire, les astronomes divisent le diamètre de la Lune en douze parties égales, qu'ils appellent *doigts;* c'est à-dire que le disque de l'astre est supposé divisé en douze bandes parallèles d'égale largeur, et chacune en 60 minutes. Ainsi, quand on dit qu'une éclipse est de quatre doigts, cela signifie que le tiers du diamètre de la lune est éclipsé.

Lorsque le diamètre de l'ombre terrestre que traverse la Lune surpasse celui de ce satellite, alors la quantité de l'éclipse est de plus de douze doigts. Par exemple, si le diamètre de la Lune est à celui de l'ombre dans le rapport de 4 à 7 ou de 12 à 21, l'éclipse lunaire sera de 21 doigts; ce qui exprime que quand le diamètre de la Lune aurait vingt-une parties égales à celles dont il contient douze, l'éclipse serait encore totale. Dans ce cas, il faut que la trace que suit le centre de la Lune dans l'ombre de la Terre surpasse le diamètre de la Lune de neuf doigts.

121. Lorsque la Lune est entièrement éclipsée, elle ne cesse pas toujours d'être visible; on la voit quelquefois sous une couleur rougeâtre et semblable à celle d'un fer ardent qui commence à s'éteindre.

Ce phénomène est produit par les rayons solaires qui vont frapper la surface de cette planète après avoir été réfractés et réfléchis par l'atmosphère terrestre.

La lumière qui éclaire la Lune dans cette circonstance est plus considérable dans les éclipses apogées que dans les éclipses périgées, parce qu'alors les vapeurs et les nuages

2.

peuvent l'affaiblir au point de rendre cet astre tout à fait invisible pendant la durée de l'éclipse.

Des éclipses de Soleil.

122. Lorsque, dans la conjonction du Soleil et de la Lune, ce satellite, placé entre le Soleil et la Terre, nous dérobe en tout ou en partie la lumière solaire, on dit qu'il y a *éclipse de Soleil*.

Quoique la Lune soit beaucoup plus petite que le Soleil, il existe cependant entre les diamètres apparents de ces deux astres une assez légère différence. Cela provient de la différence des distances du soleil et de la lune au centre de la terre, parce que la distance du Soleil au centre de la Terre est infiniment plus grande que la distance de la Lune à ce même centre; et comme, selon que les distances varient, le rapport des diamètres apparents du Soleil et de la Lune change, il arrive quelquefois que ces diamètres sont égaux, et même qu'ils se surpassent alternativement l'un l'autre.

Cela posé, imaginons un observateur placé sur la ligne droite qui joint les centres du Soleil et de la Lune, il verra le Soleil éclipsé. Si le diamètre apparent de la Lune surpasse celui du Soleil, l'éclipse sera *totale*. Si ces diamètres sont égaux, l'ombre de la Lune se terminera à la surface de la Terre, et l'éclipse sera *centrale*; mais si, par l'effet de l'éloignement, le diamètre lunaire est le plus petit, l'observateur verra un anneau lumineux formé par la partie du Soleil qui déborde le disque de la Lune, et l'éclipse sera *annulaire*. Enfin, si le centre de la Lune ne se trouve pas sur la droite qui joint l'observateur et le centre du Soleil, il pourra arriver qu'une portion du disque éclairé soit viible, et que l'autre soit cachée ; alors l'éclipse sera *partielle*.

La figure 7 offre l'image de ces différentes circonstances.

Ainsi, les éclipses de Soleil doivent présenter de fréquentes variétés, qui dépendent des distances du Soleil et de la grande proximité de la Lune à ses nœuds au moment de ses conjonctions.

122. Les éclipses solaires ne sont pas visibles dans tous les points de la surface terrestre où l'on peut voir le Soleil ; elles diffèrent encore dans les lieux où on les aperçoit. Il n'en est pas ainsi des éclipses de Lune, qui sont les mêmes pour tous les endroits de la Terre où cet astre peut être vu au moment où elles ont lieu. Cette différence entre les éclipses solaires et les éclipses lunaires dépend de ce que, dans celles-ci, la Lune souffre une privation de lumière qui doit être sensible partout et semblablement sur la surface terrestre ; tandis que dans les éclipses de Soleil, la lumière dont il brille n'éprouve aucune altération ; elle est seulement interceptée par la Lune ; et comme celle-ci ne peut, vu sa petitesse, intercepter la lumière solaire à tous les habitants de la Terre, il s'ensuit que les éclipses de Soleil ne doivent pas être visibles dans tous les points de sa surface.

124. La grandeur d'une éclipse solaire s'estime en doigts comme celle d'une éclipse lunaire.

Image des éclipses totales de Soleil.

125. On voit souvent l'ombre d'un nuage emporté par les vents parcourir rapidement les coteaux et les plaines, et dérober aux spectateurs qu'elle atteint la vue du Soleil dont jouissent ceux qui sont au delà de ses limites : c'est l'image exacte des éclipses totales de Soleil.

Spectacle imposant qu'une éclipse totale de Soleil offre à l'observateur.

126. Après la subite disparition du Soleil, la clarté est entièrement détruite, et d'épaisses ténèbres succèdent pendant quelques minutes à l'éclat du jour ; on ne voit pas où pouvoir mettre le pied ; le Ciel paraît comme dans une nuit sombre ; les étoiles brillent au firmament, et on n'aperçoit autour du disque invisible de la Lune qu'une sorte d'auréole pâle et argentée, que les uns ont attribuée à la lumière zodiacale et les autres à l'atmosphère du Soleil. Les animaux, saisis d'effroi, sont plongés dans la consternation. Les oiseaux cessent leurs chants et retombent vers la Terre en cherchant leurs retraites ; les hommes mêmes sont frappés de terreur. Enfin, après une nuit de cinq minutes, l'astre reparaît éclatant de lumière et avec une majesté dont son lever n'est qu'une image imparfaite.

Dans des circonstances favorables, cette obscurité peut durer au delà de cinq minutes ; mais aussitôt que la plus petite partie du Soleil se découvre, elle lance un trait de lumière très-vif, qui la dissipe entièrement.

LIVRE IV.

DE LA SPHÈRE ARMILLAIRE.

Cet instrument donne une idée du Monde. — Son axe. — Ses pôles.
— Ses cercles. — Lieux des astres. — Zénith et Nadir. — Division de l'écliptique céleste et du zodiaque en douze signes ou maisons du Soleil. — Ce qu'on entend par la précession des Équinoxes. — Des cercles diurnes. — Des astres figurés dans la Sphère armillaire.

127. On nomme *Sphère armillaire* un instrument imaginé par les astronomes pour représenter le monde et donner une idée exacte du mouvement des astres.

Son axe. Ses pôles.

128. L'*axe* de cette sphère artificielle est une verge de fer qui figure la ligne imaginaire autour de laquelle le Ciel semble tourner. Les extrémités se nomment *pôle* : le premier, qui est au-dessus, prend le nom de *pôle boréal, septentrional* ou *arctique ;* l'autre s'appelle *pôle austral, méridional* ou *antarctique.*

Des cercles de la Sphère armillaire.

129. Les cercles de cette sphère sont la représentation matérielle de ceux de mêmes noms que l'on conçoit formés daus le ciel par les intersections d'autant de plans passant en partie par le centre du monde (*).

130. Ces cercles sont *grands* ou *petits*, suivant que leurs plans passent ou ne passent pas par le centre de la Sphère.

131. On distingue principalement six *grands cercles* et quatre *petits*. Les premiers sont : l'*Horizon*, l'*Équateur*, le *Méridien*, l'*Écliptique* et les *Colures ;* les quatre autres sont les deux *Tropiques* et les deux *Polaires*.

De l'Horizon.

132. L'*horizon* est un grand cercle qui représente celui de la Sphère céleste dont le plan prolongé indéfiniment sépare la partie visible du ciel de celle qui le cache à nos regards (36).

133. Il y a deux sortes d'horizons : l'un, qui passe par l'œil de l'observateur, s'étend sur la surface terrestre, borne notre vue de toutes parts, et semble joindre le ciel avec la terre en fixant les limites du monde, s'appelle l'*horizon sensible ;* l'autre, qu'on nomme *horizon rationnel*, passe par le centre de la Terre, et son plan est parallèle à celui de l'horizon sensible.

Quoique ces deux horizons se trouvent séparés d'un rayon terrestre, on peut cependant les considérer comme aboutissant aux mêmes étoiles à cause de l'extrême éloignement de celles-ci.

Zénith et Nadir.

134. L'horizon a deux *pôles :* l'un, situé directement au-dessus de notre tête, a reçu le nom de *Zénith ;* le second, diamétralement opposé au premier, s'appelle *Nadir*.

(*) Ici le mot *cercle* est employé pour exprimer la configuration d'une circonférence et non la surface qu'il désigne ordinairement en Géométrie.

A mesure que l'on marche sur la terre, l'*horizon*, et par conséquent le *zénith* et le *nadir* changent; d'où il suit que *chaque lieu de
la Terre a un horizon, un zénith et un nadir différents.*

De l'Équateur.

135. L'*équateur* est un grand cercle qui coupe l'axe
perpendiculairement et divise la sphère en deux *hemisphè-
res*, l'un *Septentrional* et l'autre *Méridional.*

Ses *pôles* sont les mêmes que ceux de la Sphère.

Du Méridien.

136. Le *méridien* passe au zénith et par les deux
pôles. Il est perpendiculaire à l'équateur et à l'horizon, et
divise la Sphère en deux parties, l'une *orientale* et l'autre
occidentale.

L'instant où le Soleil arrive au méridien marque la moitié de sa
course diurne; et comme cet instant est le *midi* ou le milieu du
jour pour tous les pays qui sont situés dessous, on lui a donné
pour cette raison le nom de *méridien.*

137. On ne change pas de méridien quand on va
directement vers le nord ou vers le sud; mais il varie dès
que l'on marche du côté de l'orient ou de l'occident.

Ce cercle partage en deux également les arcs diurnes que l'on
conçoit décrits par les étoiles au-dessus et au-dessous de l'horizon :
et, pour tous les astres sans exception, l'instant du passage au
méridien est celui de leur plus grande ou de leur plus petite
hauteur (*).

*Il suit de là qu'il est midi à la même heure pour tous les peuples
qui ont le même méridien ; mais que tous les pays dont le méridien
est différent ont midi à des heures différentes.*

(*) Par la *hauteur* d'un astre, on entend le nombre de degrés que
contient l'arc du méridien compris entre cet astre et l'horizon.

Les Points Cardinaux.

138. Les deux points où le méridien rencontre l'horizon se nomment le *Septentrion* et le *Midi* ; ceux où l'équateur coupe le même horizon sont le vrai *Orient* et le vrai *Occident*.

139. Ces quatre points sont appelés *points cardinaux*, et leurs noms respectifs sont : *Nord, Sud, Est* et *Ouest*.

Le *Nord* et le *Sud* répondent aux deux pôles ; l'*Est* et l'*Ouest* sont les points où le Soleil paraît se lever et se coucher lorsqu'il répond à l'équateur.

140. Quand on regarde le pôle boréal, on a le *Nord* devant soi, le *Sud* par derrière, l'*Orient* à droite, et l'*Occident* à gauche : se placer de cette manière est ce qu'on appelle s'*orienter*.

De l'écliptique.

141. L'*écliptique* représente le cercle que le Soleil semble décrire dans sa révolution apparente et annuelle (98) ; il fait avec l'équateur un angle de 23° 28'.

On l'a ainsi nommé parce que c'est toujours dans son plan que se forment les éclipses.

142. L'écliptique coupe l'équateur en deux points appelés *équinoxes* ou *points équinoxiaux*, parce que chaque fois que le Soleil y passe, le jour est égal à la nuit pour toute la Terre.

La droite qui joint ces points se nomme *ligne des équinoxes*.

143. Les deux points de l'écliptique, l'un septentrional et l'autre méridional, les plus éloignés de l'équateur sont les *solstices* ou *points solsticiaux*.

Du Zodiaque.

144. Le *zodiaque*, comme nous l'avons déjà dit (45), est une zone large de seize degrés, divisée parallèlement en deux parties égales par l'écliptique. Elle se trouve placée obliquement entre les pôles de la sphère, et fait avec l'équateur, comme l'écliptique qui la sépare, un angle de 23° 28'.

145. Le zodiaque et l'écliptique sont encore partagés en douze portions égales, de 30° chacune, qu'on appelle *Signes* ou *Maisons du Soleil ;* six se trouvent au-dessus et six au-dessous de l'équateur. Les premiers ont pour cela été appelés *Septentrionaux ,* et les derniers *Méridionaux.*

Voici leurs noms disposés suivant les saisons qu'ils marquent, et accompagnés des figures qui servent à les représenter.

Signes septentrionaux.

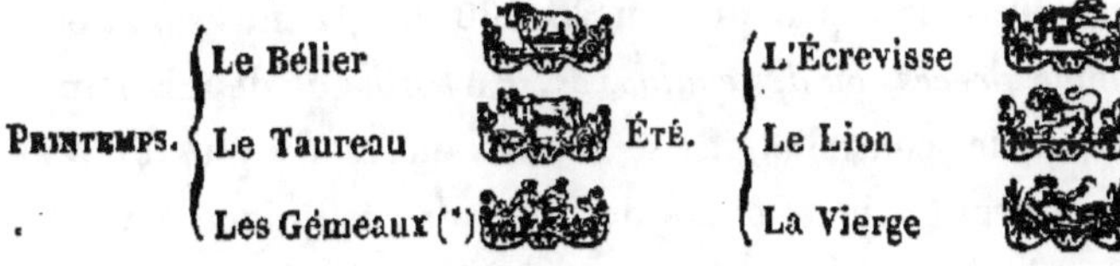

PRINTEMPS. { Le Bélier / Le Taureau / Les Gémeaux (*) ÉTÉ. { L'Écrevisse / Le Lion / La Vierge

Signes méridionaux.

AUTOMNE. { La Balance / Le Scorpion / Le Sagittaire HIVER. { Le Capricorne / Le Verseau / Les Poissons

Ils sont renfermés dans les deux vers suivants, faciles à retenir :

Sunt Aries, Taurus, Gemini, Cancer, Leo, Virgo,
Libraque, Scorpius, Arcitenens, Caper, Amphora, Pisces.

146. Ces signes sont disposés selon le mouvement propre du Soleil, c'est-à-dire d'occident en orient.

On les distingue encore en *Signes ascendants* et en *Signes descendants.* Pour nous, habitants de l'hémisphère

---

(*) Les *Gémeaux* étaient jadis *deux chevreaux...*

boréal, les signes ascendants sont : le *Capricorne*, le *Verseau*, les *Poissons*, le *Bélier*, le *Taureau* et les *Gémeaux*; les descendants : l'*Écrevisse*, le *Lion*, la *Vierge*, la *Balance*, le *Scorpion* et le *Sagittaire* : parce que, suivant que la Terre parcourt les premiers ou les seconds, le Soleil paraît monter ou s'abaisser.

147. Du temps d'Hipparque, deux ou trois siècles avant notre ère, ces signes correspondaient aux douze constellations de mêmes noms qui se trouvent dans le zodiaque, et pour cette raison on les confondait ensemble. Mais ils n'y répondent plus aujourd'hui, à cause d'un mouvement en vertu duquel le Ciel fait une révolution autour des pôles de l'écliptique à peu près en 26,000 ans, temps que l'on nomme *précession des équinoxes*. En sorte que depuis Hipparque, les constellations se sont avancées de plus de 30 degrés vers l'orient, ou les divisions de l'écliptique ont rétrogradé d'un signe : c'est ce qui fait que le Printemps ne commence plus au moment où le Soleil arrive au premier point du *Bélier*, mais bien lorsqu'il le précède de 30 degrés ou qu'il entre dans le signe des *Poissons*. Et, si de nos jours on dit encore que le Printemps commence quand le Soleil arrive au premier point du Bélier; l'Été, lorsqu'il entre dans l'Écrevisse; l'Automne et l'Hiver, à leur entrée dans la Balance et le Capricorne (145), c'est pour se conformer aux anciens usages : car nous savons très-bien qu'actuellement le Soleil parvient aux équinoxes et aux solstices trente jours avant d'avoir atteint les étoiles du Bélier, de l'Écrevisse, de la Balance et du Capricorne.

148. Ces connaissances ont conduit à séparer les signes du zodiaque des constellations : ce sont maintenant deux choses tout à fait distinctes; les signes sont des espaces égaux, chacun de 30 degrés, formant ensemble les 360 degrés de l'écliptique ; ils ne sont réellement que les divisions, les douzièmes parties de la course solaire ; ils partagent et l'écliptique et le temps d'une année que le Soleil emploie à la parcourir. Les constellations sont des portions du Zodiaque et bien aussi des parties de l'écliptique, mais plus ou moins remplies d'étoiles, et par conséquent plus ou moins étendues. La nécessité de les assembler en groupes pour y dessiner des figures n'a pas permis effectivement de donner à ces *astérismes* des espaces égaux comme aux signes ; cependant les douze embrassent aussi le contour du Zodiaque.

Pour éviter toute équivoque à cet égard, lorsqu'on parle des douze signes qui partagent l'orbite du Soleil, on les nomme *Signes de l'écliptique ;* mais s'il est question des constellations figurées autour de ce cercle par des amas d'étoiles, on dit alors les *Constellations du Zodiaque.*

149. On fait correspondre ces signes aux douze mois de l'année. Ainsi, suivant l'ancien langage, au 20 ou 21 de Mars, le Soleil entre dans le signe du Bélier, qu'il parcourt jusqu'au 20 ou 21 d'avril ; alors il passe dans le signe du Taureau, puis successivement dans tous les autres signes, un des jours qui sont depuis le 18 jusqu'au 23 de chaque mois.

150. Enfin, comme on a pu le remarquer (145), le premier point du signe du *Bélier,* qui est un des points d'intersection de l'écliptique avec l'équateur, répond toujours à l'équinoxe du Printemps ;

Le même point du signe de l'*Écrevisse,* au solstice d'Été ;

Celui de la *Balance,* à l'équinoxe d'Automne ;

Celui du *Capricorne,* au solstice d'Hiver.

Mais les constellations du zodiaque qui correspondent aujourd'hui à ces signes sont :

PRINTEMPS.	{ Les Poissons. { Le Bélier. { Le Taureau.	AUTOMNE.	{ La Vierge. { La Balance. { Le Scorpion.
ÉTÉ.	{ Les Gémeaux. { L'Écrevisse. { Le Lion.	HIVER.	{ Le Sagittaire. { Le Capricorne. { Le Verseau.

Des Colures.

151. Les *colures* sont deux grands cercles qui passent par les pôles de la Sphère, et qui sont perpendiculaires entre eux.

Le premier rencontre l'écliptique aux deux points équinoxiaux (144), et pour cela on l'appelle *colure des équinoxes* ; le second passe par les deux points de l'écliptique les plus éloignés de l'équateur (142) : on l'a nommé *colure des solstices*.

Des Tropiques.

152. Les *tropiques* sont deux petits cercles de la sphère placés à 23° 28' de chaque côté de l'équateur auquel ils sont parallèles.

Ils rencontrent donc l'écliptique, l'un au premier point du signe de l'Écrevisse ou du Cancer, l'autre au premier point du Capricorne. De là vient que celui qui se trouve au Nord est appelé *tropique du Cancer*, et que le second, placé dans l'hémisphère méridional, prend le nom de *tropique du Capricorne*.

Ces cercles ont été nommés *tropiques*, d'un mot grec qui signifie *retour*, parce que quand le Soleil est parvenu au point où l'un des deux touche l'écliptique, il semble retourner vers l'autre. Cet astre parcourt le premier au *solstice d'Été*, le second au *solstice d'Hiver*.

Cercles diurnes.

152. Le Soleil paraissant chaque jour décrire un cercle de la sphère céleste, et cet astre employant une année ou 365 jours à parcourir l'écliptique, on a imaginé 365 cercles *diurnes* que l'on conçoit placés entre les deux tropiques qui sont les limites de la course solaire.

154. Ces cercles déterminent, par leur intersection avec l'horizon, la longueur des jours et des nuits.

Des Cercles polaires.

155. Les *cercles polaires* sont deux petits cercles parallèles à l'équateur, et situés à 23° 28′ de chaque pôle.

Celui qui est au Nord se nomme *cercle polaire arctique ;* l'autre s'appelle *cercle polaire antarctique.*

Des Astres figurés dans la Sphère artificielle.

156. La Sphère étant un instrument destiné à donner une idée de l'Univers, elle devrait renfermer tous les astres qui le composent, disposés suivant l'ordre de leur plus petite distance au Soleil. Cependant on n'y comprend ordinairement que le Soleil, les Planètes et le Satellite de la Terre. Le Soleil y est représenté par une petite boule de cuivre, placée au centre de la machine ; on l'environne de toutes les orbites des planètes primitives qu'on figure sur chacune d'elles pour les distinguer ; la Terre seule est représentée par une boule tournant sur son axe, et accompagnée de la Lune en mouvement autour d'elle. Enfin, la Sphère est traversée diamétralement par une verge de fer, que nous avons dit être l'axe du Monde, et dont l'extrémité inférieure est fixée au pied de l'instrument.

LIVRE V.

DU GLOBE TERRESTRE.

La Terre est ronde. — Preuves sur lesquelles on établit sa forme. — Du Globe, de son axe et de ses pôles. — Cercles du Globe. — Division de sa surface en cinq zones. — Leurs noms et leur situation. — Observation relative aux règnes animal et minéral de chaque zone. — Des climats. — Des antipodes. — Ce qu'on entend par latitude et par longitude.

FIGURE DE LA TERRE.

157. La figure de la Terre a été reconnue à peu près sphérique, et cette conviction résulte de l'expérience, de l'observation et du raisonnement.

On prouve la rondeur de la Terre en observant,

1º Qu'en pleine mer ou dans un désert, on aperçoit plutôt les cimes des montagnes, les sommets des édifices, que les objets plus rapprochés de la surface terrestre.

2º Que d'un vaisseau qui s'éloigne des côtes, on voit disparaître d'abord les parties inférieures des arbres, des édifices, des montagnes ; de même qu'en s'approchant du rivage on découvre d'abord les sommets des montagnes, et successivement les cimes des arbres et enfin la plaine, à mesure que le navire s'avance vers le bord.

3º Qu'en s'avançant vers le Sud, on découvre des étoiles que l'on ne voyait pas, tandis qu'on perd de vue une partie de celles que l'on apercevait auparavant du côté du Nord. Le même fait se vérifie, mais en sens contraire, lorsqu'on s'avance vers le Septentrion. Enfin, de quelque côté que l'on tourne ses pas, partout on voit changer l'élévation du pôle.

158. La rondeur de la Terre se manifeste aussi d'une manière très-sensible dans les éclipses de Lune. Lorsque cet astre commence à entrer dans l'ombre de la Terre, et qu'une partie de son disque est encore éclairée par le Soleil, cette partie ne paraît pas terminée par une ligne droite, comme cela arriverait si le contour de l'ombre terrestre était rectiligne ; elle a la forme d'un croissant lumineux dont la concavité est tournée vers l'ombre. La même chose arrive à la fin de l'éclipse, quand la lune commence à se dégager de l'ombre terrestre.

On conclut de tous ces faits, que *la Terre est un corps arrondi en tous sens et isolé dans l'espace.*

DU GLOBE.

159. On donne le nom de *Globe* à une boule qui représente la Terre. (Fig. 9).

Sur le globe artificiel dont se servent les astronomes et plus souvent encore les géographes, ou mieux sur la boule qui représente la masse terrestre, on a tracé les cercles, les zones, les climats et les différents points qu'on imagine sur la surface de la Terre. On y dessine en outre les mers, les quatre parties du monde : l'Europe, l'Asie, l'Afrique et l'Amérique, et dans chacune on figure les lacs, les fleuves, les chaînes de montagnes, les forêts, la position des principales villes, celle des îles, enfin les glaces polaires.

Axe et Pôles du Globe.

160. On nomme *axe du Globe* une verge de fer qui

le traverse en passant par son centre, et sur laquelle il tourne.

Les deux extrémités de cet axe sont les *pôles du Globe* : l'un est le *pôle austral*, l'autre le *pôle boréal*.

Des Cercles du Globe.

161. Les cercles tracés sur la surface du Globe se rapportent pour la plupart à ceux de même nom qu'on suppose dans le Ciel ; ce sont l'*horizon*, le *méridien*, l'*équateur*, l'*écliptique*, les deux *tropiques*, les deux *polaires*, les *parallèles* ou *cercles de latitude* et les *cercles de longitude*.

Les trois premiers sont séparés du Globe ; les autres sont décrits sur sa surface.

162. L'*horizon* du Globe est une véritable portion du plan de ce cercle, représentée par un anneau large et plat, sur la surface duquel sont tracés, 1° les figures du Zodiaque ; 2° les douze divisions de l'écliptique, avec les noms des mois qui correspondent à chacune, 3" les noms des 32 vents principaux qui composent ce qu'on appelle la *rose des vents*.

Ce cercle est fixé invariablement au pied qui soutient le Globe. Il peut servir d'horizon à tous les lieux de la Terre, en faisant varier convenablement l'inclinaison ou la hauteur du pôle, par rapport à lui.

163. L'*équateur terrestre*, appelé aussi *ligne équinoxiale*, est un grand cercle tracé à égale distance des pôles. Il partage le globe en deux hémisphères, l'un *septentrional* et l'autre *méridional*.

Ceux qui l'habitent se trouvent sous l'équateur céleste, parce que les plans de ces deux cercles sont toujours parallèles et répondent aux mêmes points du Ciel.

164. *Le méridien* est un grand cercle mobile, traversé par l'axe du Globe et arrangé de telle sorte qu'il entraîne l'un et l'autre avec lui quand on le fait mouvoir dans l'horizon.

165. Ce méridien peut représenter successivement celui de chaque point de la surface terrestre, en faisant opérer à la boule une révolution sur son axe. Et comme la Terre emploie 24 heures à effectuer cette révolution, il est clair que dans cet espace de temps tous les peuples qui l'habitent auront eu midi.

Ordinairement on adapte au-dessus du méridien mobile un petit cercle de carton, appelé *cercle horaire* ou *rosette polaire*, divisé en vingt-quatre parties égales ou *heures*, et placé de manière que son centre passe par l'extrémité nord de l'axe du globe ; à cette extrémité est attachée une aiguille qui parcourt les 24 divisions à mesure qu'on fait tourner la boule sur son axe, qu'elle entraîne dans son mouvement.

La figure XII qui est au bas du cercle marque *midi*, celle qui se trouve au-dessus indique *minuit*. Les heures du matin se comptent sur le demi-cercle oriental, et celles du soir sur la partie occidentale.

166. *L'écliptique* représente la route apparente du Soleil, lequel semble chaque mois en parcourir 30 degrés. Moitié de ce cercle est dans l'hémisphère boréal, moitié dans l'hémisphère austral, et chacune d'elles s'élève de 23° 28′ au-dessus de l'équateur.

167. Les *tropiques* sont deux petits cercles parallèles à l'équateur, dont ils sont éloignés de 23° 28′ au nord et au midi. Le premier se nomme *tropique du Cancer*, le second, *tropique du Capricorne*.

168. Les deux *cercles polaires* sont aussi tracés à une distance de 23° 28' de chaque pôle du Globe, et parallèlement à l'équateur.

169. Les *parallèles* se trouvent sur le Globe à 10 degrés l'un de l'autre, et leur parallélisme est relatif à l'équateur.

On les désigne ordinairement sous le nom de *cercles de latitude*, ils sont divisés en 360 parties égales, qu'on appelle *degrés de longitude*.

170. Les *cercles de longitude* passent tous par le centre et par les pôles du Globe ; ils coupent l'équateur en des points éloignés de 10 degrés.

Ils se nomment aussi *méridiens*, parce que quand le Soleil y correspond, il est *midi* pour tous les lieux situés s   chacun d'eux.

Les parties égales que l'on compte sur chaque cercle de longitude prennent le nom de *degrés de latitude*.

171. On peut concevoir autant de *méridiens* qu'il y a de points dans la demi-circonférence de l'équateur ; mais pour fixer la position relative des différents points de la Terre, on en imagine un particulier, appelé *Premier Méridien*, que l'on fait passer par un endroit convenu, et c'est à ce Premier Méridien que chaque peuple rapporte tous les lieux de la surface terrestre.

Les Français font passer le leur par Paris, et partent de là pour compter les degrés de longitude.

Des différentes parties de la surface terrestre.

172. La surface de la Terre est divisée par les tropiques et les cercles polaires en cinq *zones*, qui se distinguent encore les unes des autres autant par leur position à l'égard du Soleil que par la variété de leurs productions et de leur température. Ce sont la *zone torride*, les deux *zones tempérées* et les deux *zones glaciales*.

Zone Torride.

173. La *zone torride* est la partie comprise entre les deux tropiques ; elle s'étend par conséquent de 23° 28' au nord et au sud de l'équateur.

On la nomme *torride* ou *brûlante* à cause des chaleurs excessives qui y règnent continuellement.

174. Les peuples qui habitent cette zone ont, dans le cours d'une année, deux fois le Soleil à leur zénith : la première, quand il va de l'équateur au tropique le plus voisin, et la seconde lorsqu'il revient de ce tropique vers l'équateur.

C'est sous l'équateur et dans presque toute la zone torride que la végétation développe le plus ses richesses et sa vigueur.

Zones Tempérées.

175. Les deux *zones tempérées* sont placées entre les tropiques et les cercles polaires ; l'une est *septentrionale*, l'autre *méridionale*.

On les nomme *tempérées* parce que les chaleurs et les froids qu'on y éprouve sont modérés et supportables.

176. Les habitants de ces zones ont leurs plus grands jours quand le Soleil correspond à leur hémisphère, et leurs plus longues nuits lorsqu'il est dans l'hémisphère opposé. Ils n'ont jamais le Soleil à leur zénith.

Dans ces parties du Globe, on remarque encore la beauté de la végétation, quoiqu'elle soit bien inférieure à celle de la zone torride.

Zones Glaciales.

177. Ces zones s'étendent depuis les cercles polaires

jusqu'aux pôles. L'une est *septentrionale* et l'autre *méridionale*.

Elles sont appelées *glaciales* à cause du froid très-vif qui s'y fait sentir pendant la plus grande partie de l'année, et des glaces qui y séjournent presque éternellement.

178. Les peuples qui existent sous les cercles polaires voient le Soleil pendant 24 heures de suite à leur solstice d'Été, et en sont privés aussi longtemps à leur solstice d'Hiver. Cet astre se montre et se cache alternativement pendant plusieurs jours aux habitants plus voisins des pôles ; et là il est visible durant six mois entiers, puis il disparaît pour le reste de l'année.

Dans ces zones, on ne trouve plus que des arbustes, des plantes rampantes et des mousses. Les montagnes très-élevées présentent ordinairement à la fois les productions de plusieurs climats, à cause des divers degrés de température qui se font sentir depuis leur sommet jusqu'à leur base.

Des Climats.

179. On donne le nom de *climats* à des parties de la surface terrestre comprises entre deux cercles parallèles à l'équateur, et dont la largeur est telle, qu'à la fin de chacune, le plus long jour a une demi-heure ou un mois de plus qu'au commencement. De là la distinction des climats en *climats de demi-heure* et en *climats de mois*.

180. De chaque côté de l'équateur on compte 24 climats de demi-heures et 6 climats de mois. Les premiers s'étendent usqu'aux cercles polaires : là commencent les seconds, qui se terminent aux pôles.

Les cercles polaires sont au 66ᵉ degré et demi ; au 67ᵉ degré, où finit le premier climat de mois, le plus grand jour est d'*un mois* ; il est de *deux* à 69° 30' ; de *trois* à 73° 28' ; de *quatre* au 78ᵉ degré ; de cinq au 84e degré, et enfin de *six mois* au 90e degré ou au pôle.

Antipodes.

181. On appelle *antipodes* deux points de la surface du Globe qui se trouvent aux extrémités d'une droite qu'on imagine passer par son centre. Chaque pays a les siens.

182. Deux peuples antipodes ont le même horizon, et les astres se lèvent pour l'un quand ils se couchent pour l'autre.

Latitude et Longitude.

183. La latitude d'un lieu est sa distance à l'équateur, exprimée en degrés. Elle est *septentrionale* pour les pays situés entre l'équateur et le pôle du Nord, *méridionale* pour tous les autres.

184. Les lieux qui se trouvent sur l'équateur terrestre n'ont point de latitude ; elle croît pour tous les autres à mesure qu'ils sont plus près des pôles, où elle est de 90 degrés.

Aucun lieu ne peut avoir plus de 90 degrés de latitude, par la raison que de l'équateur à l'un quelconque des pôles on n'en peut compter davantage.

185. La *longitude* d'un lieu est sa distance au premier méridien (170). Elle se mesure par l'arc de l'équateur compris entre le premier méridien et celui du lieu dont il s'agit.

Lorsqu'on divise la longitude en *orientale* et en *occidentale*, aucun lieu ne peut avoir plus de 180 degrés de longitude, parce que la circonférence du Globe ne renfermant que 360 degrés, il est impossible qu'un de ses points soit éloigné d'un autre de plus de la moitié de cette distance.

Si l'on compte la longitude sur toute l'étendue de la circonférence, en partant de l'Est du premier méridien et revenant à l'Ouest, alors elle peut avoir jusqu'à 360 degrés ; ce qui arrive pour tous les pays placés sur le premier méridien.

186. Tous les degrés de latitude sont égaux et valent chacun 25 lieues terrestres de 2280 toises ; mais il n'en est pas de même des degrés de longitude, sous l'équateur seulement ils valent 25 lieues, et à partir de là ils diminuent successivement jusqu'aux pôles, où ils sont zéro.

Voici un tableau qui présente cette diminution pour les parallèles menés de 5 en 5 degrés.

Degrés de latitude.	Lieues.	Degrés de latitude.	Lieues.
5	24,89.	50	16,05.
10	24,61.	55	14,38.
15	24,14.	60	12,50.
20	23,50.	65	10,55.
25	22,60.	70	8,55.
30	21,69.	75	6,47.
35	20,47.	80	4,83.
40	19,14.	85	2,17.
45	17,67.	90	0.

LIVRE VI.

DES DIFFÉRENTES POSITIONS DE LA SPHÈRE

ET DES PHÉNOMÈNES QUI EN RÉSULTENT.

De l'élévation du pôle. — Explication des différentes positions de la Sphère. — De l'inégalité des jours et des nuits. — Combien on distingue de saisons en Europe. — Des causes de l'augmentation et de la diminution de la chaleur terrestre. — Explication de la variété des saisons. — Des pays où l'on n'observe que deux saisons. — Des Crépuscules. — Du Cercle crépusculaire. — De la durée des Crépuscules.

Hauteur du Pôle.

187. La *hauteur du pôle* est l'arc du méridien compris entre l'horizon et le pôle visible.

Pour chaque lieu de la Terre, l'élévation du pôle est égale à la latitude. Ainsi, la latitude de Paris étant de 48° 50' 15", la hauteur du pôle pour cette ville est aussi de 48° 50' 15".

Des différentes positions de la Sphère.

188. La Sphère armillaire peut être considérée sous des positions différentes dans chacune desquelles ce qui arrive chez les peuples de la Terre doit varier suivant le lieu qu'ils occupent sur sa surface.

Ces positions dépendent des diverses situations de l'horizon par rapport à l'équateur, et se réduisent à trois principales, qui sont : la *Sphère parallèle*, la *Sphère oblique* et la *Sphère droite*.

189. Voici l'explication de chacune d'elles :

1°. L'observateur peut être placé au pôle boréal de la Terre, sa latitude sera de 90 degrés ; la hauteur du pôle sera donc aussi de 90 degrés (188). Dans ce cas, l'équateur se confond avec l'horizon, et la Sphère est dite *parallèle*.

2° Si l'observateur s'avance du pôle vers l'équateur, sa latitude diminuera successivement ainsi que là hauteur du pôle, et l'axe de la Terre deviendra d'autant plus incliné à l'horizon, que l'observateur s'éloignera davantage du pôle. Dans cette position, on dit que la Sphère est *oblique*.

3° Enfin, l'observateur étant parvenu à l'équateur, sa latitude est nulle ainsi que la hauteur du pôle. Les pôles de l'équateur se trouvent dans le plan de l'horizon, et ces deux cercles sont perpendiculaires l'un à l'autre. Alors la Sphère est *droite*.

De ces trois positions de la sphère céleste résultent divers phénomènes, dont les plus remarquables sont l'inégalité des jours et des nuits, et la variété des Saisons. Nous allons exposer successivement les uns et les autres.

De l'inégalité des Jours et des Nuits.

190. Dans la vie civile, on nomme *jour* l'espace de temps qui s'écoule depuis le lever jusqu'au coucher du Soleil : la *nuit* est le temps pendant lequel cet astre reste au-dessous de l'horizon.

191. On appelle *jour astronomique* l'intervalle de temps que le Soleil emploie à revenir au même méridien.

On le divise en 24 parties égales appelées *heures*; chaque heure en 60 *minutes*, la minute en 60 *secondes*, la seconde en 60 *tierces*.

102. Pour les astronomes, le jour commence à *midi*; ils comptent les 24 heures de suite, d'un midi à l'autre. Dans l'usage ordinaire, il n'en est pas ainsi, le jour naît à minuit; et après avoir compté 12 heures jusqu'à midi, on recommence jusqu'à minuit, en distinguant ces deux périodes en *heures du matin* et en *heures du soir*.

103. Le jour étant produit par la présence du Soleil sur l'horizon et la nuit par son absence, il est évident que le jour sera d'autant plus long que le Soleil restera davantage sur ce cercle, et d'autant plus court qu'il y demeurera moins. La nuit doit conséquemment augmenter ou diminuer en sens contraire.

Ainsi, les jours de chaque peuple seront d'autant plus grands ou plus petits, que les arcs des cercles diurnes qui se trouvent au-dessus de leur horizon seront eux-mêmes plus grands ou plus petits, puisque ces arcs représentent la durée de la présence du Soleil pour chacun. Par conséquent,

1° Si cet arc vaut une demi-circonférence, le Soleil restera autant au-dessus qu'au-dessous de l'horizon, et le jour sera égal à la nuit : l'un et l'autre vaudront conséquemment 12 heures.

2° Si l'arc diurne est plus grand qu'une demi-circonférence, le temps de la présence du Soleil surpassera celui de son absence, et le jour alors sera plus long que la nuit.

3° Enfin, si l'arc est plus petit, le contraire arrivera; et la nuit dépassera le jour.

104. Cela posé, il est facile de concevoir les phénomènes dont il est question.

105. Pour les peuples situés sous l'équateur, les jours sont tous de 12 heures, car ils ont la Sphère *droite*; leur hori-

3.

zon divise l'équateur et tous ses parallèles en deux parties égales : les jours sont donc constamment égaux aux nuits, c'est-à-dire de 12 heures.

195. Ces peuples voient à l'horizon les deux pôles du monde, parce qu'ils n'ont point de latitude ; ils aperçoivent successivement toutes les étoiles du Ciel, et le Soleil se trouve deux fois l'année, au temps vrai des équinoxes, perpendiculairement au-dessus de leur tête.

196. 2° La Sphère étant *oblique* pour tous les peuples qui habitent entre l'équateur et les pôles, ils ont les jours inégaux aux nuits pendant toute l'année, excepté aux équinoxes, parce que tous les cercles diurnes, à l'exception seule de l'équateur, sont coupés en parties inégales par l'horizon.

197. A mesure que le Soleil s'avance de l'équateur vers le tropique du Cancer, ses hauteurs méridiennes sur notre horizon croissent de plus en plus ; et comme les arcs des parallèles augmentent à chaque révolution diurne, ils font croître la durée des jours jusqu'à ce que le Soleil, parvenu au tropique du Cancer, ait acquis sa plus grande hauteur méridienne. A cette époque, le jour est pour nous le plus long de l'année. Cet astre redescend ensuite vers l'équateur, le traverse de nouveau, et de là, décrivant des arcs qui vont chaque jour en décroissant, il parvient au tropique du Capricorne, où sa hauteur méridienne est la plus petite possible, et nous avons le jour le plus court de l'année. Parvenu à ce terme, il remonte vers l'équateur, d'où il part pour recommencer la même carrière.

198. Plus la Sphère est oblique, c'est-à-dire plus on s'approche des pôles, plus il y a d'inégalité dans la longueur des jours et des nuits. Sous l'équateur, ils sont tout temps de 12 heures (193) ; sous les tropiques, les plus longs valent à peu près 13 heures et demie ; sous les cercles polaires, ils sont de 24 heures ; et depuis là jusqu'aux pôles, ils durent un mois, deux mois, et six mois sous les pôles, ainsi qu'on le verra bientôt.

199. Les peuples qui sont entre les tropiques voient le Soleil passer deux fois l'année au-dessus de leur tête, et leur ombre se trouve tantôt vers le Nord, tantôt vers le Midi ; ils n'aperçoivent jamais qu'une partie du Ciel, l'autre demeure constamment invisible pour eux. Au delà des tropiques, le Soleil ne passe plus au-dessus de la tête des habitants, et leur ombre, à midi, est toujours dirigée vers leur pôle.

200. 3°. Les habitants des pôles, s'il y en a, ont la Sphère *parallèle;* la moitié de l'écliptique est sur leur horizon : le Soleil leur est visible pendant tout le temps qu'il emploie à la parcourir, et se dérobe à leurs regards quand il parcourt l'autre moitié. Ces peuples voient donc le Soleil se lever et se coucher une fois dans l'année : ce qui la compose d'un seul jour et d'une seule nuit, dont la durée respective est conséquemment de six mois.

201. Pendant les six mois que le Soleil est visible, on voit cet astre tourner parallèlement à l'horizon dans l'espace de 24 heures ; les ombres décrivent aussi des cercles autour des objets qui les projettent dans le même temps. Les étoiles offrent le même phénomène que le Soleil, à cela près cependant qu'elles ne se lèvent ni ne se couchent : celles qui sont sur l'horizon y demeurent toujours à la même hauteur, celles qui sont au-dessous ne s'y montrent jamais.

202. Ce qui semble diminuer l'horreur d'une nuit si

longue dans ces tristes régions, c'est d'abord la présence de la Lune pendant tout le temps que cet astre reste au-dessus de l'équateur ; puis le crépuscule, beaucoup plus long dans ces pays que dans les nôtres.

Enfin, un grand nombre de météores ignés (*), tels que des aurores boréales, des étoiles filantes ou étoiles tombantes et des globes de feu très-fréquents, jettent encore quelques lueurs sur ces contrées sauvages.

203. Pour bien comprendre ce qui précède, il est utile

(*) On donne généralement le nom de *météores* aux phénomènes qui prennent naissance dans l'atmosphère.

Par *météores ignés*, on entend ceux qui proviennent d'une combustion.

Dans nos climats, les plus communs sont les étoiles tombantes ; mais les Globes de feu et les Aurores boréales y sont rares.

Les *étoiles tombantes*, qu'on aperçoit souvent en France, s'offrent antôt sous la forme d'une fusée, tantôt sous celle d'un petit globe qui répand une clarté plus ou moins vive en parcourant l'atmosphère. L'aspect qu'ils présentent étant assez semblable à celui que produirait une étoile qui, se détachant de la voûte céleste, viendrait à se précipiter vers la surface de la Terre, leur a sans doute fait donner le nom d'*étoiles tombantes*.

Les *Globes de feu* sont communément de couleur rouge, et accompagnés d'une queue lumineuse très-longue qui se termine en pointe. Dans leur course rapide, ces globes éclatent le plus souvent ; ils font entendre des explosions terribles, et lancent des pierres sur la Terre.

L'*Aurore boréale* est un météore lumineux qui se montre ordinairement vers le Nord, et dont la clarté, lorsqu'elle est voisine de l'horizon, ressemble à celle de l'aurore, quoique plus vive et plus brillante.

Ce météore se montre ordinairement quelques heures après le coucher du Soleil ; c'est-à-dire qu'il arrive rarement le matin, lorsque les nuits sont un peu longues.

d'avoir sous les yeux le globe inventé par les astronomes et de le placer dans les diverses positions que nous avons expliquées. (Fig. 9.)

DES SAISONS.

204. On distingue en Europe quatre Saisons : l'*Hiver*, l'*Automne*, le *Printemps* et l'*Été*.

L'Hiver commence quand la distance du Soleil au zénith est la plus grande possible ; on est au premier jour d'Été lorsqu'elle est la plus petite ; enfin, on a le Printemps ou l'Automne dès qu'elle se trouve entre ces deux extrêmes.

Variété des Saisons.

205. Avant d'expliquer la variété des saisons, il est nécessaire d'examiner les causes de l'augmentation et de la diminution de la chaleur dans les diverses parties de la Terre.

206. La chaleur est due à l'influence des rayons solaires, influence d'autant plus grande que ces rayons arrivent moins obliquement à la surface du Globe.

Plusieurs causes tendent généralement à en augmenter les effets : 1° La direction des rayons solaires ; 2° le nombre des rayons qui agissent sur le même point du Globe ; 3° le temps pendant lequel ils agissent.

Quant à la chaleur qu'on éprouve dans un lieu particulier, elle dépend encore de la nature du sol, de sa hauteur, et des objets environnants, qui sont plus ou moins capables de renvoyer les rayons solaires. On observe que le Canada (*) est plus froid que la France, quoiqu'il ait la

---

(*) Le *Canada*, ou la *Nouvelle France*, est un pays de l'Amérique Septentrionale.

même latitude ; cela tient à ce que les bois et les marais qui le couvrent s'échauffent moins que les rochers et les terres. Sous la Zone Torride, il y a des montagnes qui sont toujours couvertes de neige.

207. Ces principes posés, les causes de la chaleur doivent nécessairement croître lorsque les jours augmentent par l'approche du Soleil vers l'un des pôles ; car alors la hauteur méridienne de cet astre devenant chaque jour plus grande, il demeure plus longtemps sur l'horizon. D'un autre côté, l'obliquité des rayons diminue ; ainsi, ces deux causes concourent ensemble à augmenter l'intensité de la chaleur.

Dans les régions boréales, ces causes atteignent leur *maximum* lorsque le Soleil décrit le tropique du Cancer. A cette époque, la chaleur n'est pourtant pas la plus grande, parce qu'elle n'est jamais l'effet de l'action instantanée du Soleil. Elle se compose de la somme des actions exercées successivement, et que l'absence du Soleil n'a pas détruites ; ainsi, la chaleur diurne n'est pas la plus forte à midi, quoiqu'alors l'action instantanée du Soleil soit la plus grande : d'où il résulte que la chaleur doit être plus considérable quand il descend du tropique du Cancer à l'équateur que lorsqu'il monte de l'équateur au même tropique. En faisant un raisonnement semblable, on concevra que le froid le plus violent ne doit pas se faire sentir lorsque l'action instantanée du Soleil est à son *minimum* ; il doit augmenter pendant tout le temps que la somme de ses actions longtemps continuées diminue.

Telle est donc la marche constante des saisons : le *Printemps* naît lorsque le Soleil paraît au premier point du Bélier ; au commencement de l'*Été*, le Soleil est au tropique du Cancer ; l'apparition de cet astre au premier point de la Balance annonce la naissance de l'*Automne*, et il parvient au tropique du Capricorne à l'origine de l'*Hiver*.

Dans les régions méridionales, l'Été commence avec l'Hiver dont on vient de parler ; le Printemps avec l'Automne, et ainsi des autres.

La figure 8 présente les différentes positions de la Terre dans les circonstances relatives aux saisons.

208. Les causes générales qui ont donné lieu à cette division des Saisons sont souvent troublées par les causes locales dont on a parlé (206), principalement dans les pays situés entre les tropiques. Dans la plupart de ces contrées, on n'observe que deux Saisons, l'Été et l'Hiver ; on ne les distingue que par la sécheresse et par l'humidité. L'approche du Soleil vers le zénith de quelque lieu est marquée par des pluies continuelles qui diminuent la chaleur : on prend ce temps pour l'Hiver. Lorsque le Soleil s'éloigne du zénith, l'humidité diminue : on prend ce temps pour l'Été. Le Soleil passe deux fois dans l'année par le zénith des peuples qui sont sous l'équateur ; aussi ces peuples ont deux Étés et deux Hivers. Il n'en est pas ainsi de ceux qui sont situés vers les tropiques : quoique le Soleil passe deux fois à leur zénith, comme il s'écoule très-peu de temps entre ces deux passages, on confond les deux Hivers et on n'y observe que deux Saisons.

209. Des deux hémisphères le boréal paraît être le moins froid : la ceinture de glace qui environne son pôle arctique ne s'étend guère qu'à dix degrés de distance en latitude, tandis que celle du pôle antarctique se prolonge à plus de 20 degrés. De cette dernière il se détache d'énormes glaçons qui voyagent jusqu'au 65ᵉ et même jusqu'au 55ᵉ degré ; ce qui est à peu près la latitude de Boulogne et d'Abbeville. La même proportion se soutient de part et d'autre pour les terres que les eaux ont abandonnées, et le froid le plus rigoureux règne dans des contrées dont la latitude est la même que celle de la France ; telle est, par exemple, la Terre de Feu, qui, placée dans l'hémisphère austral à l'extrémité de l'Amérique, est couverte de neiges éternelles.

DES CRÉPUSCULES.

210. On appelle *crépuscule* la lumière plus ou moins vive qui précède l'instant où le Soleil paraît sur l'horizon, et qui subsiste après que cet astre en a disparu.

211. Il y a donc deux crépuscules, celui du matin et celui du soir. Le crépuscule du matin reçoit le nom d'*Aurore*. L'autre conserve particulièrement la dénomination de *Crépuscule* (38). Le premier commence à être visible avant la naissance du jour, du côté de l'orient, lorsque le Soleil est encore à 18 degrés au-dessous de l'horizon ; son éclat augmente par degrés jusqu'au lever de cet astre. Le deuxième commence au coucher du Soleil, du côté de l'occident ; sa lumière diminue peu à peu et disparaît totalement quand le Soleil est descendu de 18 degrés au-dessous du même horizon.

212. Les crépuscules sont produits par la dispersion des rayons solaires dans l'atmosphère terrestre, qui les réfracte et les réfléchit de toutes parts.

213. Si à une distance de 18 degrés (*) au-dessous

(*) D'après les observations récentes recueillies par ces intrépides voyageurs qui depuis quelques années parcourent l'intérieur

de l'horizon, on imagine un cercle qui lui soit parallèle, il déterminera le lieu où commencent et finissent les crépuscules. On le nomme *cercle crépusculaire* ou *Finiteur*.

214. La durée des crépuscules n'est pas égale pour tous les habitants de la Terre ; bien plus, elle varie pour l'observateur d'une même contrée dans les différentes saisons, parce que, pour certains endroits et à certaines époques, le Soleil monte et descend perpendiculairement à l'horizon, tandis que, pour d'autres, son ascension et sa descente sont obliques ; en sorte que dans ce dernier cas il lui faut plus de temps pour parcourir l'arc de 18 degrés qui mesure la longueur de chaque crépuscule.

215. Pour les peuples qui ont la Sphère droite, le Soleil monte et descend perpendiculairement à l'horizon : d'où il résulte que dans le temps des équinoxes l'arc crépusculaire est l'arc de l'équateur compris entre le finiteur et l'horizon ; et conséquemment, que le crépuscule doit durer tout le temps que le Soleil emploie à parcourir sur l'équateur un arc de 18 degrés, c'est-à-dire une heure et 12 minutes. Ce temps augmente ensuite à mesure que l'astre du jour s'avance vers le tropique.

216. Pour les peuples qui ont la Sphère oblique, la durée des crépuscules, pendant l'Été, est d'autant plus grande qu'ils ont plus de latitude ; de manière qu'à 40° 50′ de latitude Nord, comme cela est pour Paris, vers le 21 juin,

---

de l'Afrique et y ont fait des découvertes si intéressantes, il paraîtrait cependant que les zones torrides ne sont pas exemptes d'un froid même très-considérable. Leurs relations nous apprennent qu'il causa, par sa rigueur, la mort d'un de leurs jeunes compagnons.

le jour pendant lequel le Soleil décrit le tropique du Cancer, le crépuscule du matin commence au même instant que celui du soir finit.

217. Enfin, pour les habitants qui ont la Sphère parallèle, le crépuscule doit se faire apercevoir près de deux mois avant que le Soleil se présente sur leur horizon, et durer encore autant de temps après que cet astre s'est couché pour eux. En effet, l'équateur se confond pour ces peuples avec l'horizon ; le crépuscule doit donc durer tout le temps que le Soleil emploie à s'éloigner de l'équateur de 18 degrés, c'est-à-dire environ deux mois, puisqu'en trois il parcourt près de 24 degrés, savoir : l'espace compris entre l'équateur et l'un des tropiques. Les habitants des pôles n'ont donc, dans l'année, qu'environ deux mois de nuit profonde ; toutefois, pendant ce temps, la Lune paraît deux fois sur l'horizon et les éclaire chaque fois environ quatorze jours.

LIVRE VII.

———

DU TEMPS, DE SA MESURE ET DE SA DIVISION.

Idée qu'on doit se former du Temps. — Des différentes sortes de
Jours. — Du Temps vrai et du Temps moyen. — Ce qu'on entend par équation du Temps. — De l'Année. — De l'Année lunaire et de l'Année solaire. — Commencement de l'Année. —
Sa division.

DU TEMPS.

212. *Le Temps* est, par rapport à nous, dit le célèbre
Laplace, l'impression que laisse dans la mémoire une suite
d'événements dont nous sommes certains que l'existence a
été successive.

Le mouvement est propre à lui servir de *mesure ;* car un
corps ne pouvant pas être dans plusieurs lieux à la fois, il
ne parvient d'un endroit à un autre qu'en passant successivement par tous les lieux intermédiaires. Si l'on est as-
suré qu'à chaque point de la ligne qu'il décrit il est animé
de la même force, il la décrira d'un mouvement uniforme,
et les parties de cette droite pourront mesurer le temps
employé à les parcourir. Quand un pendule, à la fin de
chaque oscillation, se retrouve dans des circonstances parfaitement semblables, les durées de ces oscillations sont les
mêmes, et le temps peut se mesurer par leur nombre. On
peut aussi employer à cette mesure les révolutions succes-

sives de la Sphère céleste, dans lesquelles tout paraît égal ; mais on est unanimement convenu de faire usage, pour cet objet, du mouvement apparent du Soleil, dont les retours au méridien et au même équinoxe forment les jours et les années.

Du Jour.

219. On a déjà vu que la présence ou l'absence du Soleil produit le *jour* ou la nuit (190), et que le *jour astronomique* ou *solaire* embrasse toute la durée de la révolution diurne de cet astre (191). Indépendamment de ces deux sortes de jours, on distingue encore le *jour sidéral* et le *jour moyen*.

220. Le *jour sidéral* est le temps qui s'écoule pendant une révolution entière du Soleil, ou celui qui est nécessaire pour que les 360 degrés de l'équateur passent au méridien.

221. Le jour astronomique surpasse le jour sidéral ; car, si le Soleil traverse le méridien au même instant qu'une étoile, le jour suivant il y reviendra plus tard, en vertu du mouvement par lequel il s'avance d'occident en orient ; et dans l'espace d'une année, il passera au méridien une fois de moins que l'étoile.

222. Les jours astronomiques ne sont pas égaux ; deux causes, l'inégalité du mouvement propre du Soleil et l'obliquité de l'écliptique, produisent leurs différences.

223. La durée des jours astronomiques n'étant pas constante, il en résulte que les parties qui les composent doivent varier en différents jours. Pour les ramener à l'égalité, on considère le nombre des heures d'une ou plusieurs révolutions du Soleil dans l'écliptique, puis on divise le temps total en autant de parties égales qu'il y a d'heures.

Alors chacune de ces parties égales prend le nom d'*heure moyenne*, et le jour composé de 24 heures ainsi déterminées se nomme *jour moyen*.

Temps vrai et Temps moyen.

224. Le *temps solaire apparent*, improprement appelé *temps vrai*, est le nombre des jours astronomiques écoulés depuis une époque fixe ; le *temps moyen* se compose des jours moyens écoulés depuis la même époque.

Équation du Temps.

225. Le temps vrai ne correspond exactement avec le temps moyen que quatre fois dans l'année, savoir : le 14 Avril, le 13 Juin, le 30 Août et le 23 Décembre. Il suit de là qu'en supposant une pendule parfaitement réglée qui marquera midi au 14 Avril, à l'instant où le centre du Soleil sera dans le méridien, elle ne doit marquer la même heure que le Soleil qu'aux quatre époques précitées ; tous les autres jours, elle doit indiquer des heures différentes. C'est cette différence qui règne chaque jour entre le temps vrai et le temps moyen qu'on appelle *équation du temps*.

226. Une pendule est réglée sur le *temps moyen* quand elle marque 23 heures 56 minutes 4 secondes (*, pendant

---

(*) Ce temps n'est autre chose que la durée du jour sidéral, exprimée en heures moyennes. On peut s'en convaincre par ce qui suit.

Puisque dans une année, qui comprend 365 jours 5 heures 48 minutes 48 secondes, le Soleil passe au méridien une fois de moins qu'une étoile (221), il est évident que chaque jour il sera en retard de $\dfrac{360^\circ}{365^j\ 5^h\ 48'\ 48'}$ ou de 59' 8". Ainsi, pour être avec l'étoile, le Soleil devra s'avancer journellement de 59' 8", ou parle retour d'une étoile au méridien. Elle répondrait au mouvement diurne des étoiles si elle indiquait 24 heures durant cette révolution.

On peut remarquer que dans la détermination des mouvements périodiques des corps célestes il est toujours question des jours et des heures du Temps moyen.

DE L'ANNÉE.

227. On nomme *année* le temps qu'une planète emploie à parcourir son orbite.

De là résulte évidemment autant de sortes d'années qu'il y a de diverses périodes dans le cours des planètes. Mais, comme les peuples de la Terre n'ont fait usage, pour mesurer le temps, que du mouvement apparent du Soleil et du mouvement réel de la Lune, nous ne parlerons que des années relatives à ces deux astres.

De l'Année lunaire.

228. C'est un espace de 12 *lunaisons*, ou 12 mois sy-

---

courir 360° 59′ 8″ de l'équateur, tandis que l'étoile n'en parcourra que 360. Or, le nombre 360° 59′ 8″ représente les degrés de l'équateur que le Soleil doit décrire dans un jour moyen ; ce jour est donc au jour sidéral (**221**), dans le même rapport que les nombres 360° 59′ 8″ et 360°, ou :: 1299548″ : 1296000″. En sorte que pour trouver la longueur de celui-ci en heures moyennes, sachant que le premier en renferme 24, on aura cette proportion :

$$1299548'' : 1296000'' :: 24^h : x,$$

de laquelle on tire

$$x = 23^h\ 56'\ 41;$$

c'est-à-dire que le jour sidéral est de 23^h 56′ 4″ moyennes. Il est conséquemment de 3′ 56″ plus petit que le jour moyen.

nodiques lunaires (111), qui comprennent ensemble 354 jours. Elle est communément plus courte que l'année solaire de 11 jours.

229. Les peuples se sont longtemps servis de cette année, qu'ils ont ensuite abandonnée par rapport à la difficulté qu'il y avait de la faire correspondre avec les mouvements célestes et les Saisons.

Cependant les Turcs et les Juifs en font encore usage; et lorsque les 11 jours d'excès suffisent pour faire une lunaison, ce qui arrive tous les trois ans, puisque au bout de ce temps, il y a environ 3 fois 11 ou 33 jours de trop, ils donnent 13 mois à leur année et l'appellent *embolismique*. C'est par ce moyen qu'ils font accorder les révolutions du Soleil avec celles de la Lune.

De l'Année solaire.

230. L'*année solaire* est ou *astronomique* ou *civile*.

231. L'*année astronomique* est appelée *sidérale* ou *tropique*, selon qu'elle exprime le temps que la Terre met à effectuer une révolution dans son orbite (55), ou celui que le Soleil emploie pour revenir à l'équinoxe du Printemps. La durée de la première est de 365 j. 6 h. 9' 11"; celle de l'année civile n'embrasse que 365 j. 5 h. 48' 48". L'une surpasse donc l'autre de 20' 23".

L'équinoxe du Printemps rétrogradant sans cesse, chaque année le Soleil ne décrit pas toute l'écliptique, cet astre coupe l'équateur avant de se trouver au point d'où il était parti, et la différence est d'environ 50". C'est ce qui cause l'excès de l'année sidérale sur l'année tropique.

232. L'*année civile* est celle dont se servent les nations pour leurs usages. On la nomme *commune* ou *bissex-*

tile, suivant que sa durée comprend 365 ou 366 jours. Romulus ne l'avait composée que de 304 jours ou 10 mois, qui, commençant par le mois de *Mars,* finissaient par celui de *Décembre.* Numa Pompilius y ajouta les mois de *Janvier* et de *Février ;* de manière que les années communes étaient de 355 jours. On avait réglé que les autres seraient de 377 ou 378 jours, afin de suivre le cours du Soleil. Mais les Pontifes chargés d'indiquer ces années intercalaires en supprimèrent quelques-unes, et la confusion devint si grande, que les mois d'Automne répondaient à l'Hiver quand Jules César fut nommé Dictateur.

233. Supposant que le Soleil achevait sa révolution en 365 jours 6 heures, Jules César ordonna, 1° que l'an 708 de Rome serait de 14 mois ; 2° qu'il y aurait trois années communes de 365 jours, et que la quatrième serait de 366 jours, à cause des 6 heures qui forment un jour dans l'espace de quatre ans. Le jour intercalaire fut placé au mois de Février, et la quatrième année reçut le nom de *bissextile,* parce qu'il y avait alors, dans le mois de Février, deux jours qui étaient appelés le sixième des calendes de Mars.

Cet arrangement fut nommé le *Style Julien.* Comme il suppose l'année tropique de 365 jours 6 heures, tandis qu'elle n'est réellement que de 365 j. 5 h. 48' 48" (231), l'excès 11' 12" avait produit, en 1582, une erreur de 10 jours ; de sorte qu'on se trouvait en retard sur le Soleil, qui passait à l'équinoxe du Printemps le 11 de mars au lieu du 21, ainsi que cela arriva au temps du Concile de Nicée, qui fut célébré en 325.

234. Pour obvier à cet inconvénient du Calendrier Julien, le Pape Grégoire XIII, après avoir consulté d'hales astronomes, fit retrancher ces 10 jours du mois d'octobre de l'an 1582. Le cinquième jour devint le quinzième ; et afin que l'équinoxe du Printemps ne s'éloignât plus du 21 Mars, on arrêta que sur quatre années séculaires (*), qui devaient être bissextiles, il y en aurait trois de 365 jours, à commencer par 1700.

C'est là ce qu'on appelle la *réforme du Calendrier* ou le *Style Grégorien.*

Cette opération diminue les quatre siècles de 3 jours, ou de $4320'$; mais les $11' 12''$ répétées 400 fois donnent $4480'$; les quatre siècles sont donc encore trop longs de $160'$, et l'on aura un jour de trop après 3600 ans. D'où il suit que vers l'an 5182, il faudra compter une année bissextile comme une année commune, c'est-à-dire retrancher un *bissexte* de plus.

Commencement de l'Année.

225. Tant que la longueur de l'année n'a pas été déterminée par la connaissance exacte du mouvement de la Terre autour du Soleil, son commencement a été variable et a parcouru successivement toutes les Saisons.

Quelques nations ont fixé le premier jour de leur année aux solstices ; d'autres aux équinoxes ; plusieurs ont préféré à une époque de Saison une époque historique. La France jusqu'en 1564 avait commencé l'année à Pâques ; mais Charles IX, qui régnait alors, fixa son origine au premier janvier, époque que nous avons conservé 227 ans, quittée pendant le règne affreux de la terreur et reprise en 1805,

---

(*) On nomme *année séculaire,* celle qui termine un siècle : telles sont : 1500, 1600, 1700, etc.

quoiqu'elle ne s'accorde ni avec les saisons, ni avec les signes, ni avec l'histoire du temps.

Cependant, il faut convenir que ce serait à l'équinoxe du printemps, à la renaissance de la Nature, qu'il conviendrait de fixer l'origine de l'année.

Division de l'Année.

236. L'année se trouve divisée naturellement en quatre parties par les Saisons; chacune de celles-ci a été divisée en trois mois, qui sont composés tantôt de 28, 29, tantôt de 30 et 31 jours. Leurs noms sont, à partir du premier, *Janvier, Février, Mars, Avril, Mai, Juin, Juillet, Août, Septembre, Octobre, Novembre* et *Décembre.*

237. Dans les années *communes*, Février n'a que 28 jours; lorsqu'elles sont *bissextiles*, il en a 29. Avril, Juin, Septembre et Novembre, renferment constamment 30 jours; les sept autres en contiennent 31.

238. Chaque mois se subdivise en *semaines*; la semaine est composée de sept jours, dont les noms dérivent de ceux des principales planètes sous la domination desquelles les anciens astronomes les avaient placés. Ainsi leur premier jour, appelé *Samedi*, était consacré à *Saturne*; le *Dimanche*, au *Soleil*; le *Lundi*, à la *Lune*; le *Mardi*, à *Mars*; le *Mercredi*, à *Mercure*; le *Jeudi*, à *Jupiter*, et le *Vendredi* à *Vénus.*

De là il suit qu'un mois se compose de 4 semaines, ou de 4 semaines plus 1, ou 2, ou 3 jours, selon qu'il renferme 28, 29, 30 ou 31 jours.

239. Tous les peuples ne prennent pas le même jour pour le premier de la Semaine. Les Chrétiens la commencent le Dimanche; les Juifs le Samedi; les Mahométans le

Vendredi, et les Païens, suivant quelques auteurs, le Mardi.

Du Calendrier romain.

240. Le mois des Romains se divisait en *calendes*, *ides* et *nones*.

On appelait *calendes* le premier jour de chaque mois. Ce mot vient du verbe *calare*, qui signifie *appeler*, parce que le 1er de chaque mois les pontifes avaient soin de faire assembler le peuple au Capitole, pour l'instruire de la conduite qu'il avait à tenir pendant le cours du mois, tant par rapport aux cérémonies religieuses qu'au commerce.

Les *nones* étaient le 5e jour, excepté dans les mois de Mars, de Mai, de Juillet et d'Octobre, où elles tombaient le septième. Elles avaient été ainsi nommées, parce que de ce jour-là aux ides on comptait neuf jours.

Les *ides* étaient le 13e jour des quatre mois que l'on vient de citer, et le 15e de tous les autres. Elles prennent leur nom du verbe *iduare*, partager, parce qu'elles divisent le mois en deux parties presque égales.

Les jours qui étaient entre les calendes et les nones prenaient leur dénomination des nones ; ceux qui se trouvaient entre les nones et les ides prenaient la leur des ides ; ceux compris entre les ides et les calendes du mois suivant la tiraient des calendes. Et comme les jours qui empruntaient leur nom des calendes étaient en plus grand nombre que ceux qui le tiraient des nones et des ides, de là vient que les Romains ont appelé *Calendrier* la distribution des jours de leurs mois.

Commencement du jour.

241. Toutes les nations n'ont pas fixé le commencement du jour au même instant : les Athéniens le plaçaient au coucher du Soleil ; les Babyloniens, à son lever. Les Italiens font naître le jour au moment où cet astre disparaît de l'horizon, et depuis lors jusqu'à sa fin, ils comptent 24 heures. Les Juifs le commencent aussi au coucher du Soleil ; mais, à partir de là, ils comptent 12 heures égales jusqu'à la réapparition de cet astre sur l'horizon, et autant depuis son lever jusqu'à son coucher ; pour eux, les heures du jour sont donc tantôt plus grandes et tantôt plus courtes que celles de la nuit. Un quart d'heure après le Soleil couché, est l'instant d'où partent les Turcs pour compter la première heure du jour ; et quand ils en ont compté 12 égales, ils en distinguent 12 autres jusqu'au soir suivant. Enfin, la plupart des états catholiques ont placé l'origine du jour à minuit.

Division du Jour.

242. Les limites du jour et de la nuit, le milieu de l'un et de l'autre, divisent naturellement le jour ; cependant chaque peuple a eu très-longtemps sa manière de le partager, et tout, jusqu'au chant du coq, a servi pour cela.

243. Après avoir employé plusieurs divisions arbitraires, les peuples de l'Europe ont fini par adopter celle du jour en 24 heures, que les uns comptent de suite, et les autres en deux fois 12 heures.

244. Pendant quelques années, les Français ont fait usage de la division décimale du jour. Ainsi, ils le partageaient en 10 *heures*, l'heure en 100 *minutes*, la minute en 100 *secondes*, la seconde en 100 *tierces*.

Cette division aurait été véritablement la plus simple à conserver, si dans la construction de toutes nos machines destinées à mesurer le temps on n'avait employé la division sexagésimale.

DES CYCLES.

245. On nomme *Cycles* différentes périodes astronomiques ou civiles, dont on se sert dans la Chronologie pour fixer les époques des événements historiques.

On distingue principalement l'Olympiade, le Lustre, l'Indiction, le Cycle lunaire, le Cycle Solaire, les Épactes, le Cycle des Hébreux, le Siècle, la Période Victorienne et la Période Julienne.

De l'Olympiade.

246. L'*Olympiade* était une révolution de quatre années, à la fin desquelles toute la Grèce s'assemblait sur les bords du fleuve Alphée, auprès d'Olympie, pour célébrer les *Jeux olympiques*, institués par Hercule l'an du monde 2786. Ces jeux, longtemps interrompus par les désordres de la guerre, recommencèrent l'an 3120, par les soins d'Iphitus, souverain d'un canton de l'Élide. Mais, ce n'est pas de là que partent les historiens grecs pour compter leurs Olympiades ; ils fixent la première au temps où Corébus remporta le prix à la course du Stade ; ce qui arriva seulement 108 ans après le rétablissement des jeux par Iphitus, c'est-à-dire 776 ans avant la naissance de Jésus-Christ

247. Pour trouver l'Olympiade qui répond à une année de la création du Monde, il faut soustraire 3228 du nombre qui la représente, et diviser le résultat par 4.

EXEMPLE. La naissance d'Alexandre le Grand date du même jour qu'Erostrate brûla le temple de Diane à Éphèse pour s'immortaliser, l'an du monde 3648. On demande dans quelle Olympiade arrivèrent ces deux événements.

Otez 3228 de 3648, puis divisez l'excès 420 par 4 ; le quotient étant exactement 105, marque qu'il y a 105 Olympiades révolues, et conséquemment que l'époque donnée répond au commencement de la 106ᵉ Olympiade.

On retranche 3228 de l'année proposée, parce que les Olympiades n'ont commencé que 3228 ans après la Création.

248. Réciproquement, pour savoir à quelle année du monde répond celle d'une Olympiade quelconque, on multiplie par 4 le nombre qui exprime l'Olympiade donnée, on retranche du produit les années qui manquent pour compléter la dernière Olympiade, et à la différence on ajoute 3228.

EXEMPLE. Voulant connaître l'an du monde auquel se rapporte la première année de la 12ᵉ Olympiade, époque où Archias de Corinthe, issu de la race des Héraclides, bâtit Syracuse en Sicile : on multiplie 12 par 4, ce qui donne 48 ; de ce produit on ôte 3, parce qu'il manque 3 ans pour compléter la 12ᵉ Olympiade ; enfin, au reste 45, on ajoute 3228, et la somme 3273 indique l'année cherchée.

Du Lustre.

249. Le *Lustre* est un espace de cinq années, après lesquelles les censeurs romains faisaient la revue générale et le dénombrement de tous les citoyens et de leurs biens.

Son nom vient du mot *Lustrum*, qu'on employait pour désigner le sacrifice expiatoire qu'on faisait après cette cérémonie. Il fut institué par Servius-Tullius, sixième roi de Rome, vers l'an 180 de la fondation de cette ville.

De l'Indiction.

250. L'*Indiction* est une révolution de quinze années Juliennes, qu'on suppose avoir commencé au premier de Janvier, trois ans avant l'ère chrétienne.

Cette période, qui n'est point astronomique, a été introduite sous les empereurs romains. Elle est relative à certains actes judiciaires qui se faisaient à des époques réglées. On s'en sert encore à la cour de Rome pour l'expédition des bulles.

251. Pour connaître l'Indiction d'une année écoulée depuis la naissance de Jésus-Christ, il faut ajouter 3 à l'année proposée, puis diviser la somme par 15 : le quotient exprime le nombre des Indictions déjà révolues, et le reste, s'il y en a un, marque le Cycle cherché ; s'il n'y en a point, 15 est l'Indiction de l'année dont il s'agit.

EXEMPLE. On demande quelle sera l'Indiction de l'an 1834 ?

A 1834 ajoutez 3 , et divisez la somme 1837 par 15 ; le quotient sera 122 et le reste 7 : ce qui nous apprend qu'il y a 222 Indictions écoulées et que l'an 1834 aura 7 d'Indiction. Cette année est donc la 7ᵉ de la 123ᵉ Indiction.

Du Cycle lunaire.

252. Le *Cycle Lunaire* est un intervalle de 19 années Juliennes, après lesquelles les nouvelles Lunes et les différentes phases qui les suivent reviennent aux mêmes jours de l'année. Il renferme 235 lunaisons complètes qui valent 6939 j. 16 h. 31′, tandis que les 19 années solaires contiennent 6939 j. 14 h. 25 ′, et la différence n'excède pas 2 h. 6 ′,

Méton proposa cette période aux jeux Olympiques, vers l'an 432 avant Jésus-Christ. Elle fut reçue avec un applaudissement général, et les Grecs lui donnèrent le nom de *Cycle d'Or*, pour indiquer son utilité.

253. Le *Nombre d'Or* est celui qui désigne l'année du Cycle lunaire. On le nomme ainsi, parce que, dans l'ancien Calendrier, on écrivait les nombres de cette période en caractères d'or, qu'on plaçait à côté des jours de chaque mois auxquels arrivaient les nouvelles Lunes.

254. Pour trouver le Nombre d'Or d'une année quelconque de l'ère vulgaire, il faut ajouter 1 à cette année, et diviser le résultat par 19 : le quotient fait connaître les Cycles écoulés, et le reste de la division est le Nombre d'Or cherché. Quand cette dernière opération s'effectue exactement, le Nombre d'Or est 19.

On augmente l'année proposée d'une unité, parce qu'à la naissance de Jésus-Christ il y avait un an que le Cycle d'Or était révolu.

Exemple. Pour l'an 1834, on divise 1834+1, ou 1835, par 19 ; le quotient est 96, et le reste 11 ; par conséquent 1834 aura 11 pour Nombre d'or.

Du Cycle solaire.

255. Le *Cycle Solaire* est une période de 28 années Juliennes, après lesquelles les jours de la Semaine reviennent dans le même ordre aux mêmes jours des mois.

La Semaine étant composée de sept jours, chaque année commune, de 365 jours, contient 52 Semaines et un jour de reste. Si toutes les années étaient de cette durée, les restes formeraient une Semaine en 7 ans ; mais les bissextiles qui reviennent de 4 en 4 ans, interrompent cet ordre, parce qu'elles ont un jour de plus ; ce n'est donc qu'après 7 bissextiles, ou 4 fois 7 ans, que le cercle entier de ces inégalités se trouve révolu, et il en résulte une période de 28 ans pour la durée du Cycle Solaire. En cela, on n'a point d'égard à la suppression séculaire de la bissextile prescrite par la réforme grégorienne (234).

256. Pour avoir le Cycle Solaire d'une année de Jésus-Christ, il faut augmenter de 9 unités le nombre qui la représente, puis diviser la somme par 28. Le quotient indiquera les Cycles qui se sont passés depuis leur origine, et le reste, s'il y en a un, sera le Cycle de l'année proposée ; s'il n'y en a point, ce sera 28.

On ajoute 9 à l'année proposée, parce que cette période est supposée avoir commencé 9 ans avant l'ère chrétienne.

EXEMPLE. Par cette règle, on trouvera facilement que l'an 1834 aura 23 de Cycle Solaire.

Des Épactes.

257. Les *Épactes* sont des nombres qui marquent pour chaque année quel âge avait à peu près la Lune au commencement de l'année précédente.

Quand on dit, par exemple, qu'une année a eu 3 d'Épacte, cela signifie que la Lune avait 3 jours lorsque cette année a commencé.

258. L'âge de la Lune, c'est-à-dire le temps écoulé depuis la conjonction de cet astre avec la Terre, vient de l'excès de l'année solaire sur l'année lunaire ; il augmente donc chaque année d'environ 11 jours. Ainsi, lorsque la première année du Cycle d'Or est écoulée, la Lune a 11 jours ; l'Épacte de la seconde année est donc 11 ; celle de la troisième 22 ; celle de la quatrième 33, ou simla Lune ; mais si elle surpasse 30, l'âge cherché sera l'excès au-dessus de 30, lorsque le mois a 31 jours, et l'excès au-dessus de 29, s'il n'en contient que 30.

Ainsi, voulant savoir quel était l'âge de la Lune le 18 mars 1817, on ajoute ensemble les nombres 12, 1 et 18, qui sont respectivement l'Epacte, le mois de Mars, et le quantième ; la somme 31 diminuée de 30, ou 1, indique que la Lune a eu 1 jour, le 18 mars 1817.

S'il s'agissait de Janvier ou Février, on ajouterait seulement l'Epacte et le quantième du mois.

Cela est fondé sur ce que l'âge de la Lune augmentant de 11 jours chaque année, il en résulte à peu près un jour d'augmentation par mois.

Du Cycle des Hébreux.

261. Le *Cycle des Hébreux* était une révolution de cinquante années, à la fin desquelles ils célébraient le Jubilé. Alors on rendait la liberté aux esclaves, qui rentraient dans tous les droits d'hommes libres, et on remettait les dettes, principalement celles des pauvres.

Du Siècle.

262. Un *Siècle* est la réunion de cent années ; c'est la plus longue période employée jusqu'ici dans la mesure du temps, parce que l'intervalle qui nous sépare des plus anciens événements connus n'en a pas encore exigé de plus grande.

Il est bon d'observer que quand on parle d'un Siècle, on entend celui qui court. Par exemple, le 18e Siècle est celui qui a commencé en 1701 et a fini au premier jour de 1801; il comprend donc les 100 années écoulées depuis la fin de 1700 jusqu'à 1800 inclusivement.

plement 3, en retranchant 30, quoique la révolution de la Lune ne soit que de 29 j. 12 h. 44′ 3″.

L'Épacte n'augmentant pas tout à fait de 11 jours chaque année, c'est pour compenser à peu près ce qu'il y a de trop, que l'on compte dans ce calcul les révolutions de la Lune comme si elles étaient de 30 jours.

259. Pour trouver l'Épacte d'une année comprise entre 1700 et 1900, il faut multiplier le Nombre d'or de l'année proposée par 11, et ôter 11 du produit : si la différence ne surpasse pas 30, c'est l'Épacte cherchée ; si elle excède 30, on la divise par 30, et le reste donne l'Épacte ; enfin, s'il n'y a pas de reste, l'Épacte est 0, ou 30.

Lorsque le Nombre d'Or est 1, on multiplie 1 par 11, cela produit 11 ; d'où ôtant 11, il reste 0 ; ainsi, au Nombre d'Or 1, correspond l'Epacte 0, ou 30, dans la série de celles qui se passent maintenant.

On ôte 11 depuis 1700 jusqu'à 1900, à cause des 10 jours que l'on retrancha au temps de la réformation, et 1 sur l'année 1700, qui ne fut pas bissextile (305). L'an 1800 a été aussi une année commune, et si on n'a pas retranché un jour sur cette année, c'est qu'alors celle de la Lune s'était accrue en même temps d'un jour ; en sorte que l'un a compensé l'autre, et tout est resté égal. Mais il n'en sera pas ainsi pour 1900 ; la soustraction d'un jour aura lieu, et il faudra, à partir de là, retrancher 12 du produit du Nombre d'Or par 11, pour obtenir les Épactes des années qui s'écouleront jusqu'en 2220 exclusivement.

260. Trouver l'âge de la Lune pour un jour quelconque.

Pour l'obtenir, ajoutez ensemble l'Epacte, le nombre des mois écoulés depuis Mars inclusivement, jusqu'à celui dont il s'agit, aussi inclusivement, et le quantième du mois. La somme, si elle est au-dessous de 30, sera l'âge de

De la Période Victorienne.

263. La *Période Victorienne*, dont on attribue la découverte à un nommé Victorius, est une révolution de 532 ans ; elle provient du Cycle Solaire multiplié par le Cycle Lunaire, c'est-à-dire, de la multiplication des nombres 28 et 19, qui donne 532.

On suppose que cette période a commencé 457 ans avant la naissance de Jésus-Christ.

264. Pour trouver l'année de la Période Victorienne qui répond à une quelconque de l'ère vulgaire, on ajoute 457 à l'année proposée, puis on divise la somme par 532. Le quotient marque le nombre des Périodes révolues ; le reste, s'il y en a un, indique l'année de la Période correspondante à celle dont il s'agit ; s'il n'y en a point, c'est la 532ᵉ de la Période qui y répond.

EXEMPLE. Pour l'an 1834, on divise 1834+457, ou 2290, par 532 ; le quotient 4 représente les Périodes écoulées, et le reste 162 apprend que l'année 1834 répond à la 162ᵉ de la Période Victorienne actuelle.

De la Période Julienne.

265. On nomme *Période Julienne* une révolution de 7980 ans. Elle résulte du produit des Cycles Solaire, Lunaire et de l'Indiction multipliés entre eux. Après cette Période, les mêmes Cycles reviennent ensemble dans le même ordre pour chaque année ; mais pendant toute sa durée, il ne peut y avoir deux années qui aient les mêmes Cycles ; chacune a les siens propres qui la caractérisent, en sorte qu'aucune autre qu'elle ne les réunit.

Elle fut inventée, dans le seizième siècle, par Jules Scaliger, qui la nomma le *flambeau de la Chronologie*. On s'en sert pour concilier les différentes opinions des chronologistes.

Cette Période est censée avoir commencé 713 ans avant la Création, et 4713 (*) avant l'ère chrétienne. Sa 1re année a eu 1 de Cycle Solaire, 1 de Cycle Lunaire, et 1 de Cycle d'Indiction ; c'est la seule à laquelle ces nombres conviennent.

266. Pour déterminer la Période Julienne d'une année de l'ère vulgaire, il faut y ajouter 4713 : si la somme ne surpasse pas 7980, elle sera la Période Julienne de l'année proposée ; si elle est plus grande que 7980, on la divisera par ce nombre ; le quotient exprimera les Périodes passées depuis 713 ans avant la Création, et le reste sera la Période cherchée.

EXEMPLE. Voulant connaître la Période Julienne de l'an du Seigneur 1787, on ajoute 4713 à 1787, et on trouve 6500 : l'année 1817 était donc la 6500e de la 1re Période Julienne.

267. Si l'année proposée précède la naissance de Jésus–Christ, on l'augmente de 713, et le résultat donne la Période Julienne correspondante.

EXEMPLE. Qu'il s'agisse de l'an 500 avant J.-C. On ajoute 713 à 500, et on obtient 1211 pour la Période cherchée.

268. Réciproquement, lorsque l'on connaît l'année de la Période Julienne dans laquelle un événement a dû arriver, on peut aisément le rapporter à l'ère chrétienne : il

---

(*) En ne comptant que 4000 ans au lieu de 4004 ans, depuis la Création jusqu'à la naissance de Jésus-Christ.

suffit de prendre la différence entre la date et 4714 (*);
l'événement sera antérieur ou postérieur à l'ère chrétienne,
suivant que le nombre auquel il répond, dans la Période
Julienne, sera moindre ou plus grand que 4714.

On sait, par exemple, que la mort de ésar arriva
l'an 4670 de la Période Julienne : prenant la différence
entre 4670 et 4714, on trouve 44 ; César est donc mort
44 ans avant l'époque à laquelle on rapporte l'origine de
l'ère chrétienne.

269. Depuis la première année de la Période Julienne
jusqu'au commencement de l'ère chrétienne, il s'est écoulé
4713 ans complets : or, on n'a pas de monuments historiques certains qui remontent à plus de 4000 ou 4004 ans
avant cette ère ; par conséquent la Période Julienne, qui
s'étend au delà de ce terme, peut comprendre tous les événements qui se sont transmis à la mémoire des hommes.

DES ÈRES.

270. On entend par *Ère* le temps précis où des peuples ont commencé à compter leurs années.

Parmi les Ères principales, on distingue celle des Grecs,
qui commence à la 1re Olympiade, 776 ans avant la naissance de Jésus-Christ ; celle des Romains, qui date de la
fondation de Rome, 753 ans avant Jésus-Christ, suivant
Varron, et 752 ans, selon les fastes consulaires ; celle de
Nabonassar, qui précède l'ère vulgaire de 747 ans ; celle des
Séleucides, employée par les Macédoniens en 312 avant
Jésus-Christ ; celle d'Espagne, qui commence 58 ans avant
l'ère chrétienne ; celle de Denis le Petit, connue sous le

(*) On se sert du nombre 4714, parce que la première année de
l'ère chrétienne correspond à la 4714e de la Période Julienne.

nom d'*Ère vulgaire*, dont il a fixé l'origine à la venue du
Messie ; celle des Mahométans, appelée *Hégire*, qui date
du jour où Mahomet s'enfuit de la Mecque, en 622 de
l'ère vulgaire ; enfin celle des Perses, qui court depuis
l'an 632 de J.-C.

271. Si l'on veut savoir à quelle année du Monde répond une année quelconque de Rome, il suffit d'augmenter
celle-ci du nombre 3248, qui désigne l'époque de la fondation de cette ville d'après les fastes consulaires.

EXEMPLE. L'apothéose de Romulus arriva l'an 37 de
Rome ; à quelle année du Monde correspond cet événement?

En ajoutant 37 et 3248, on a 3285 pour l'année demandée.

272. Pour trouver à quelle année de l'ère vulgaire répond une année de l'Hégire, il faut, après avoir ajouté à
celle-ci autant d'unités que 33 peut y être compris de fois,
l'augmenter encore du nombre 612, qui désigne la première année de l'Hégire ; la somme sera l'année cherchée.

On augmente l'année de l'Hégire donnée d'autant d'unités
qu'elle renferme de fois le nombre 33, parce que l'année Lunaire,
dont se servent les Mahométans, étant plus courte de 11 jours
que l'année Solaire, il en résulte que sur 33 années mahométanes,
il manque 33 fois 11 jours, ou 363 jours, qui composent presque
une année Solaire ; de sorte qu'en ajoutant tous les 33 ans une
année intercalaire, on parvient à rapporter les années de l'Hégire
à celles de notre Ère.

EXEMPLE. Désirant connaître l'année de l'ère vulgaire
correspondante à l'an 923 de l'Hégire, qui est celui où
l'Empereur Sélim Ier fit la conquête de l'Égypte : on cher-
chera d'abord, par la division, combien de fois 33 est
contenu dans 923, on trouvera 27 ; on ajoutera ensuite

27 à 923, d'où résultera le nombre 950, qui, étant encore augmenté de 622, donnera enfin 1572 pour l'année demandée.

DES ÉPOQUES..

273. On appelle *Époque* un temps certain, marqué par quelque grand événement, auquel on rapporte tous les autres.

Pour faire une Époque, il faut, autant qu'il est possible, que l'événement intéresse plusieurs peuples.

La plus célèbre est celle de la naissance de Jésus-Christ.

274. On distingue trois sortes d'époques : celles tirées de l'Écriture Sainte, comme le Déluge, se nomment *Époques sacrées ;* celles relatives à l'histoire ecclésiastique, comme la paix donnée à l'Église par Constantin, sont appelées *Époques Ecclésiastiques ;* enfin, celles de l'histoire des Empires, telle que la prise de Troie, ont reçu le nom d'*Époques Civiles*.

275. Les historiens rapportent ordinairement au commencement de l'histoire des différentes nations l'origine, la durée et l'événement remarquable de chacune de leurs Époques.

LIVRE VIII.

USAGES DU GLOBE TERRESTRE.

276. Le Globe terrestre artificiel sert à résoudre un grand nombre de problèmes relatifs à la Géographie, dont nous allons rapporter les plus intéressants ; cependant leurs solutions ne pourront pas être regardées comme très-exactes, attendu la petitesse de la boule qui représente la Terre comparativement à la grandeur réelle de celle-ci.

277. *Trouver la latitude d'un lieu situé sur le Globe.*

Faites tourner le Globe sur son axe jusqu'à ce que le lieu proposé se trouve précisément sous le méridien ; observez ensuite à quel degré il correspond, et vous aurez sa latitude.

278. *Déterminer la longitude d'un lieu quelconque.*

Placez le lieu sous le méridien du Globe, et comptez combien il y a de degrés marqués sur l'équateur ; ce sera la longitude cherchée.

279. *Connaissant la longitude et la latitude d'un lieu, trouver sa position sur le Globe.*

Tournez le Globe jusqu'à ce que le degré qui exprime la longitude donnée soit sous le méridien ; cherchez sur ce cercle le degré de latitude, et marquez-y un point ; le lieu que l'on demande sera placé directement au-dessous de ce point.

280. *Mesurer la distance d'un lieu à un autre.*

Pour cela, il faut poser légèrement les deux extrémités des branches d'un compas sur les lieux en question, porter ensuite cette ouverture de compas sur l'équateur, et compter combien elle comprend de degrés. Ce nombre réduit en lieues, à raison de 25 par degré, donnera la distance cherchée.

Par exemple, en plaçant une des pointes du compas sur Paris, l'autre sur Vienne, et portant ensuite le compas, sans déranger ses branches, sur l'équateur, on trouve 8 degrés, qui font 200 lieues, pour la distance de Paris à Vienne.

Cette distance, ainsi mesurée en ligne droite ou à *vol d'oiseau*, n'est pas exacte, considérée sous le rapport itinéraire ; car les routes maritimes et celles tracées sur les continents sont très-différentes : les premières dépendent du vent, qui est très-variable, et les dernières, déterminées par les itinéraires, offrent beaucoup de sinuosités, qui donnent un quart, moitié et quelquefois le double en sus de la distance à vol d'oiseau.

281. *Déterminer le plus long jour de l'année pour un lieu placé entre les cercles polaires.*

Si le lieu proposé est dans la partie septentrionale du Globe, son plus grand jour arrive quand le Soleil parait entrer au premier degré de l'Écrevisse ; s'il est dans la partie méridionale, ce jour a lieu lorsque cet astre répond au premier point du Capricorne.

Cela posé, pour savoir de combien d'heures est ce jour, il faut élever le pôle du Globe selon la latitude du lieu donné, mettre ensuite sous le méridien le premier degré du Cancer, si le lieu est du côté du Nord, ou celui du Capricorne, s'il est au Sud : alors, placez l'aiguille du cercle horaire sur la figure XII, qui est au-dessus, et faites tourner le Globe vers l'orient jusqu'à ce que le premier point du signe touche l'horizon ; l'aiguille marquera l'heure du lever du Soleil. Faites-en autant vers l'occident, et l'aiguille indiquera le coucher de cet astre. Ces deux points étant les limites du jour en question, il est évident que l'on connaîtra sa longueur.

Par cette méthode, en prenant Paris pour exemple, on trouvera que ce jour-là le Soleil se lève vers 4 heures et qu'il se couche à 8 heures ; pour cette ville, le plus long jour est donc de 16 heures environ.

Il est clair que cette pratique ne peut être employée que pour les lieux où le plus grand jour est moindre que 24 heures, puisque, passé ce terme, le premier point du Cancer ou du Capricorne reste constamment au-dessus de l'horizon.

282. *Trouver dans quel climat de demi-heures une ville est située.*

Cherchez son plus long jour, au moyen du problème précédent ; du nombre d'heures qui l'exprime, retranchez-en 12, et multipliez le reste par 2, le produit indiquera le climat cherché.

Par exemple, pour Paris, où le plus long jour de l'année est de 16 heures (281) ; on retranchera 12 du nombre 16, et le reste 4, étant multiplié par 2, donnera 8, qui nous apprend que Paris est situé dans le 8ᵉ climat.

On ôte du nombre d'heures qui représente le plus long jour du lieu proposé, parce qu'on ne commence à compter les climats qu'à partir de l'équateur, où le jour est constamment de 12 heures ; on double le reste, parce que l'augmentation d'une demi-heure de jour suffisant pour compter un climat, on en doit évidemment compter deux pour chaque heure.

283. *Déterminer le plus-long jour d'un lieu dont on connaît le climat.*

1°. Pour les climats de demi-heures, prenez la moitié du nombre qui exprime le climat donné ; à ce résultat ajoutez 12, et vous aurez pour somme les heures du jour cherché.

Ainsi, sachant que Jérusalem est dans le septième climat, on divise 7 par 2, ce qui donne $3 + \frac{1}{2}$ pour quotient ; on y ajoute 12, et la somme $15 + \frac{1}{2}$ indique qu'à Jérusalem le plus long jour est de 15 heures et demie.

Il est facile de concevoir la raison de ce procédé.

2°. Si le lieu en question appartient à un climat de mois, alors son plus long jour peut varier depuis 24 heures jusqu'à un mois, ou depuis 1 mois jusqu'à 2, etc., selon sa situation dans le 1ᵉʳ ou dans le 2ᵉ climat.

284. *Trouver tous les points du Globe qui ont la même latitude qu'un lieu donné.*

Mettez ce lieu sous le méridien, et marquez un point exactement au-dessus ; en faisant opérer au Globe une révolution entière sur son axe, tous les endroits qui passeront sous la marque auront la même latitude que le lieu donné.

285. *Trouver les Antipodes d'une ville.*

Placez la ville sous le méridien, et à partir du point qui y répond, comptez sur ce cercle 180 degrés ; là, immédiatement au-dessous, seront les antipodes de la ville dont il s'agit.

286. *Trouver, dans quelque temps que ce soit, le lieu du Soleil dans l'écliptique.*

Le mois et le jour étant donnés, cherchez-les sur l'horison du Globe, et au-dessus du jour vous trouverez le signe et le degré dans lesquels le Soleil est alors. Ce signe et ce degré, marqués sur l'écliptique, sont, ou à peu près, la place que le Soleil y occupe dans le temps donné.

278. *Savoir quelle heure il est dans un lieu quelconque de la Terre, connaissant l'heure du pays où l'on se trouve alors.*

Placez le lieu où vous êtes sous le méridien, après avoir élevé le pôle selon la latitude de ce lieu ; mettez ensuite l'aiguille du cercle horaire sur l'heure du jour ; puis faites tourner le Globe jusqu'à ce que l'endroit proposé soit sous le méridien : alors l'aiguille marquera l'heure cherchée.

279. *Un lieu de la zone torride étant donné, déterminer les deux jours de l'année où le Soleil passe à son zénith.*

Amenez sous le méridien le lieu proposé, et retenez le degré de latitude qui se trouve directement au-dessus ; faites tourner le Globe, et remarquez les deux points de l'écliptique qui passent par ce degré de latitude ; cherchez sur l'horizon les jours où le Soleil passe par ces points de l'écliptique : ces jours sont ceux où, à midi, le Soleil est au zénith du lieu donné.

Par exemple, si l'on cherche pour la ville de Goa, on trouvera que le Soleil passe à son zénith le 28 Avril et le 10 Août.

280. *Étant donnés, pour un certain lieu, le mois, le jour et l'heure du jour, trouver les endroits où le Soleil est alors au méridien.*

Après avoir élevé le Globe selon la latitude du lieu en question, et placé ce lieu sous le méridien, mettez l'aiguille horaire sur l'heure du jour, et tournez le Globe jusqu'à ce qu'elle marque midi. Fixez le Globe dans cette position, et observez les endroits qui sont directement au-dessous de la moitié supérieure du méridien : ce sont ceux que vous cherchez.

290. *Trouver en tout temps la longueur du jour et de la nuit dans un endroit quelconque.*

Élevez le pôle selon la latitude du lieu donné ; cherchez le lieu du Soleil dans l'écliptique (286) ; placez-le sous l'horizon oriental ; mettez l'aiguille du cercle horaire sur midi, et tournez le Globe jusqu'à ce que le point de l'écliptique touche l'horizon occidental ; regardez alors où est la pointe de l'aiguille ; comptez les heures comprises entre elle et la figure XII, c'est la longueur du jour, et le complément des 24 heures donne la durée de la nuit.

291. *Le mois et le jour étant donnés, trouver les endroits de la Terre où le Soleil, arrivé au méridien, passera ce jour-là au zénith.*

Cherchez d'abord le lieu du Soleil dans l'écliptique (286), mettez-le sous le méridien, et faites sur ce cercle une marque exactement au-dessus de la place du Soleil. Tournez ensuite le Globe, et tous les endroits qui auront le Soleil à leur zénith passeront successivement sous la marque.

292. *Le mois et le jour étant connus, déterminer sur quel point de l'horizon le Soleil se lève et se couche pour un endroit quelconque.*

Élevez le pôle selon la latitude de l'endroit dont il est question ; marquez le lieu du Soleil dans l'écliptique au temps donné ; placez-le sous l'horizon oriental, et vous verrez sur quel point de ce cercle le Soleil se lève. En tournant le Globe jusqu'à ce que le lieu du Soleil corresponde à l'horizon occidental, vous trouverez celui où il se couche.

293. *L'heure du jour étant donnée dans un lieu quelconque, trouver en même temps les endroits de la Terre où il est midi, ou minuit, ou une autre heure.*

Il faut placer le lieu choisi sous le méridien, mettre l'aiguille horaire sur l'heure qu'il est dans cet endroit, faire tourner le Globe jusqu'à ce que l'aiguille vienne à la figure XII d'en haut, et observer les lieux qui sont alors sous le demi-cercle supérieur du méridien ; ce sont ceux où il est midi à l'heure donnée. Si l'on tourne ensuite le Globe jusqu'à ce que l'aiguille arrive à l'autre figure XII, les endroits situés sous la moitié inférieure du méridien seront ceux où il est minuit à l'heure désignée.

Par le même moyen, on trouvera les lieux dans lesquels il est une heure quelconque, en faisant mouvoir le Globe jusqu'à ce que l'extrémité de l'aiguille marque l'heure qu'on désire, et en observant les endroits qui sont alors sous le méridien.

294. *Le jour et l'heure d'un lieu étant connus, trouver l'endroit de la Terre où le Soleil est alors au zénith.*

Après avoir trouvé le lieu du Soleil dans l'écliptique (286), et l'avoir placé sous le méridien, faites une marque au-dessus ; cherchez les endroits de la Terre dans le méridien desquels le Soleil est pour le moment (295), et mettez-les sous ce cercle ; observez ensuite le point de la Terre qui se trouve directement sous la marque ; c'est le lieu au zénith duquel le Soleil est actuellement.

295. *Trouver sur le Globe tous les endroits qui ont la même heure du jour que celle qu'il est dans un lieu donné.*

Mettez le lieu proposé sous le méridien, et remarquez quels sont les endroits qui se trouvent exactement sous le demi-cercle supérieur de ce méridien ; leurs habitants comptent la même heure que ceux du lieu donné.

296. *La latitude d'un lieu étant donnée, ainsi que le lieu du Soleil dans l'écliptique, trouver le commencement du crépuscule du matin et la fin de celui du soir.*

Après avoir élevé le pôle suivant la latitude du lieu, mettez le degré de l'écliptique où se trouve le Soleil sous le méridien et l'aiguille horaire sur midi : cela fait, tournez le globe du côté de l'orient, jusqu'à ce que le point donné de l'écliptique arrive à 18 degrés au-dessous de l'horizon ; l'heure indiquée par l'aiguille sera celle où l'aurore commence. Faisant ensuite mouvoir le Globe du côté de l'occident, jusqu'à ce que le lieu du Soleil se trouve encore à 18 degrés au-dessous de l'horizon, l'aiguille alors marquera l'heure à laquelle finit le crépuscule du soir.

Dimensions des trois principaux Corps célestes.

Un degré terrestre vaut 25 lieues de 2280 toises chacune ; la circonférence de la Terre, qui en renferme 360, est donc égale à 360 fois 25 lieues, ou à 9000 lieues ; son diamètre, calculé d'après cette longueur, est de 2865 lieues, et son rayon en contient 1432 et demie ; sa surface est de 25785000 lieues quarrées, et son volume de 12312337500 lieues cubes.

Le diamètre du Soleil est de 323155 lieues, ce qui donne 1015221 lieues pour l'étendue de la circonférence de son équateur. La surface de cet astre contient 328073742257 lieues quarrées.

La Lune a 780 lieues de diamètre ; la longueur de son équateur équivaut à 2457 lieues, et sa surface égale 1921139 lieues quarrées.

En prenant le volume de la Terre pour unité, ceux du Soleil et de la Lune se trouvent représentés à peu près par les nombres 1434867 et 0,02032, c'est-à-dire, que le Soleil est au moins 1400 mille fois plus gros et la Lune 49 fois plus petite que la Terre.

FIN.

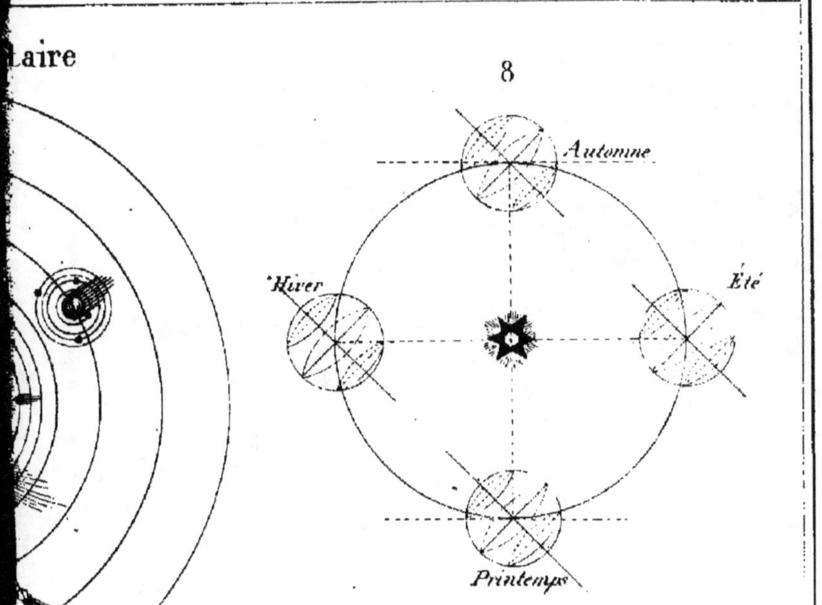
Laire
8
Automne
Hiver
Été
Printemps

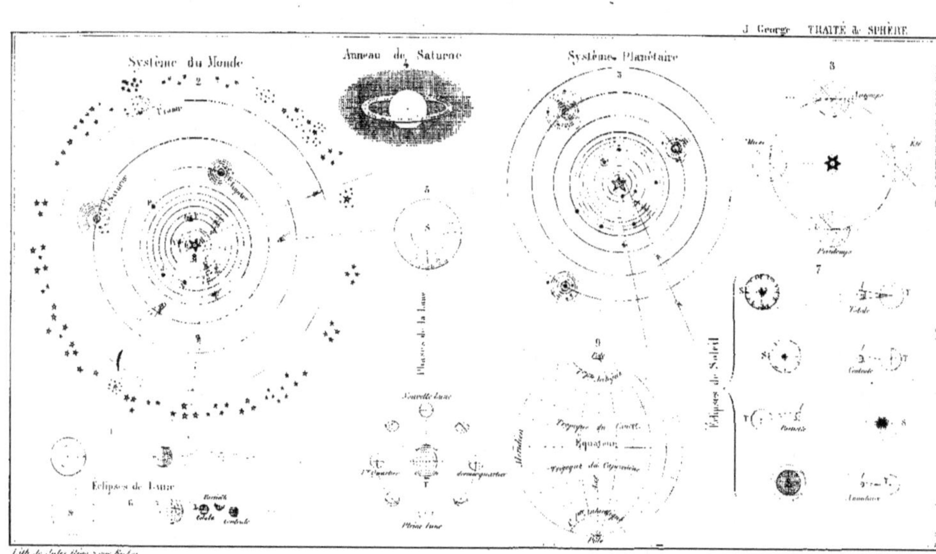
J. George TRAITÉ de SPHÈRE
Système du Monde
Anneau de Saturne
Système Planétaire
Phases de la Lune
Nouvelle Lune
1er Quartier
Pleine Lune
Eclipses de Lune
Eclipses de Soleil
Printemps
Tropique du Cancer
Équateur
Tropique du Capricorne
Lith. de Jules Rigo, rue Richer

EXTRAIT DU CATALOGUE

DE LA LIBRAIRIE ECCLÉSIASTIQUE, CLASSIQUE, ÉLÉMENTAIRE

de ÉDOUARD TETU et CIE,

Rue Jean-Jacques Rousseau, 3, à Paris.

DÉPOT ÉTABLI :

Chez **Z. WATON**, libraire, à NISMES.

Agriculture (Éléments d'), traitant : des Notions d'histoire naturelle ; du Sol ; des Engrais, des Amendements et des Stimulants ; par L. *Bentz*, et Chrétien. 2ᵉ édition, approuvée par le Conseil général du département de la Meurthe. 1 vol. in-18. broc. 75 c.

Algèbre (Éléments d'), rédigés pour l'usage des aspirants au *baccalauréat ès-lettres* et aux Écoles Royales de Saint-Cyr, de la Marine et Forestière, par L. J. George, secrétaire de l'Académie de Besançon. *Ouvrage* AUTORISÉ *par* l'UNIVERSITÉ. 6ᵉ édition (1844). 1 vol. in-8°, broc. 3 fr. 75 c.

Alphabet des Enfants (Le premier), approuvé par les Comités d'instruction. In-16, piqué. 60 c.

Alphabet (Nouvel) *en français*, divisé par syllabes ; augmenté du Testament de Louis XVI. Adopté par Mgr l'Évêque de Châlons-sur-Marne. 1 vol. in-18. Prix, cart. 40 c.

Alphabet (1ᵉʳ livre de lecture), à l'usage des Écoles primaires, autorisé par l'UNIVERSITÉ ; par *Dunand*. 36 pages in-18, broc. 15 c.
   Le cartonnage se paie 5 centimes en sus.
   Le même ouvrage en tableaux. 5 feuilles couronne. Prix. 60 c.

Arithmétique (Cours d') **théorique et pratique**, rédigé pour les *aspirants aux grades de bacheliers ès-lettres et ès-sciences*, de la Marine, les Écoles Polytechnique, Forestières, les Colléges, etc. ; par L. J. George, secrétaire de l'Académie de Besançon. 13ᵉ édition (1844) ; AUTORISÉ par L'UNIVERSITÉ. 1 vol. in-8, broc. 3 fr.

Arithmétique des Écoles Normales Primaires (Cours d'), en 80 leçons, renfermant les matières exigées pour obtenir le Brevet élémentaire et le brevet supérieur ; par le même. 1 vol. grand in-12, broc. 2 fr. Cartonné. 2 fr. 25 c.

Arithmétique décimale (Nouveau Traité d'), renfermant 400 problèmes, à l'usage des classes primaires ; par J. George fils, 8ᵉ éd. augmentée de questionnaires. 1 vol. in-18 de 180 pag., cart. 75 c.

— *Exercices et problèmes de l'Arithmétique décimale*, suivis des réponses et solutions ; par le même, édition revue. 1 vol. in-18, Prix, broché. 60 c.

Bons points pour être donnés en récompense aux élèves : Prix de la feuille imprimée en couleur, contenant vingt sortes. 15 c.

Chemin de la Croix (Le) avec les pratiques de cette dévotion, dédié à la Très-Sainte-Vierge, etc. 1 vol. in-18, riche cartonnage gaufré, filets en or. 1 fr.

Choix gradué de Lectures morales et instructives, à l'usage des enfants ; recueillies et mises en ordre par J. Dunand, directeur d'Ecole Normale. 1 vol. in-18 de 180 pages. cart. 75 c.

Civilité (Petite) **chrétienne** des classes élémentaires, ou Règles de la bienséance d'après le vénérable J. B. de la Salle et les meilleurs auteurs qui ont écrit sur cette matière, par M. l'abbé D. Pinart. 1 vol. in-18. Prix, cartonné. 50 c.

Cours gradué de dessin linéaire, professé au Lycée Municipal de Paris, composé d'un cahier de 16 planches demi-jésus, gravées sur acier, et d'un Manuel de 5 feuilles in-8, par M. d'Herbecourt. Nouvelle édition. Prix, broché. 2 fr. 25 c.

Cours d'Histoire et de Géographie, rédigé pour l'usage des *colléges et des aspirants au baccalauréat ès-lettres*; par MM. Félix Ansart et Ambroise Rendu; publié en 8 volumes qui se vendent séparément : tome I. Histoire Ancienne, par M. Rendu. — — II. Histoire Romaine, d°. — III. Histoire du Moyen Age, d°. — IV. Histoire Moderne, d°. — V. Histoire de France pendant le Moyen Age, par M. Ansart. — VI. Histoire de France pendant les Temps Modernes, d°. — VII. Géographie Historique, Ancienne, du Moyen Age et des Temps Modernes, d°. — VIII. Géographie Contemporaine, par le même.
Prix de chaque vol. in-12 de 350 à 400 pag. broch. **2 fr. 25 c.**
Cartonné.................................... **2 fr. 50 c.**

AUTORISÉ PAR l'UNIVERSITÉ pour les **Colléges.**

Cours d'Histoire et de Géographie, publié par les mêmes auteurs pour l'usage des Ecoles Normales Primaires et autorisé par l'Université pour lesdites Écoles, composé de 4 volumes in-12 de 300 pages environ. Tome I. Histoire Ancienne et Histoire Romaine, par M. Rendu.
— II. Histoire du Moyen Age et Histoire Moderne, par le même.
— III. Histoire de France, par M. Ansart.
— IV. Géographie Contemporaine, par le même.
Prix de chaque vol. in-12 broché. **1 fr. 50 c.**
Cartonné. **1 fr. 75 c.**

Atlas Historique rédigé pour l'usage des Ecoles Normales Primaires, par M. Félix *Ansart*. Autorisé par l'Université :
1re Partie. *Histoire Ancienne* et *Histoire Romaine*. 1 vol. grand in-8, 12 cartes. Prix, cart. **2 fr. 50 c.**
2e Partie. *Histoire du Moyen Age, Histoire Moderne* et *Histoire de France*. 1 vol. grand in-8. 12 cartes. Prix, cart. **2 fr. 50 c.**
3e Partie. *Géographie Contemporaine.* 1 vol. gr. in-8. 14 cartes, Prix, cart. **2 fr. 50 c.**

Devoirs de la Jeunesse, ou Guide moral des jeunes gens, destiné à servir de livre de lecture dans les écoles Élémentaires; par Mesnard. 1 vol. in-18 de 180 pages. Prix, cart. **75 c.**

Dictionnaire de la langue française, rédigé d'après l'orthographe de l'*Académie*, suivi du DICTIONNAIRE DES VERBES IRRÉGULIERS, à l'usage des classes élémentaires; par M. Bescherelle aîné. In-18 de 360 pages, cartonné. **1 fr. 50 c.**

Écritures méthodiques et raisonnées, par G. Fayolle, professeur à l'Établissement de la Légion d'honneur à Saint-Denis. Méthode autorisée par l'Université et par la ville de Paris. 24 tableaux gravés par Picquet. Cahier oblong. Prix, br. et rogné. **1 fr. 50 c.**

Fablier (le) des Écoles primaires, ou Choix de fables de la Fontaine, Florian, Perrault, etc.; par Étienne. in-18, fig. cart. **75 c.**

Fénélon des Écoles, ou Manuel d'instruction et d'éducation sur le Télémaque, les fables, etc.; par de F. de Resbecq. 1 vol. in-18, 3e édition revue avec soin (1844), cart. **75 c.**

Feuilles ornées de traits ou **Passe-partout** pour composition d'écriture, convenables pour les distributions des prix, les compliments et les fêtes de famille, 15 feuilles variées, dessinées avec soin. La feuille, prix, **20 c.**

Géographie générale (Introduction à la), et spécialement à la géographie de l'Europe et de la France; par Th. Soulice, autorisé par l'Université. 1 vol. in-18, orné de 2 cartes, cart. **60 c.**

Géographie (Éléments de) de la France et de ses colonies, par le même. 7e édit. augmentée de notices sur la Géogr. générale *autorisée par l'Université*. 1 vol. in-18 de 180 pages, cart. **75 c.**

Grammaire Française (Principes de), extraits du Dictionnaire de l'Académie; par M. Lamotte, inspecteur de l'instruction primaire, et M. Bescherelle aîné. 1 vol. in-12. Cart. **1 fr. 25 c.**

Grammaire française (la 1re) de l'École pratique, dédiée à
Mgr le Duc de Montpensier, par M. Bescherelle aîné. Adoptée
par la Société des Méthodes, etc. 10e édit., revue par M. Lorain,
proviseur du Collége Royal de Saint-Louis. 1 vol. in-12, de
378 pages, cart.   1 fr. 25 c.

Corrigé des analyses et des dictées contenues dans la Grammaire de l'École pratique. 1 vol. in-12. Prix, broché. 80 c.

Grammaire (la) de toutes les Écoles et de tous les degrés, approuvée par la Société Grammaticale, etc.; par le même.
1 vol. in-12, de 250 pages. Prix, cart.   1 fr. 25 c.

Exercices sur la Grammaire. 1 vol. in-12. cart.   1 fr. 25 c.

Corrigé des exercices. 1 vol. in-12. Prix, broch.   1 fr. 50 c.

Histoire Sainte (Petite), approuvée par NN. SS. l'Archevêque de
Paris, le Cardinal, Évêque d'Arras, et les Évêques de Langres,
de Cambrai, d'Amiens, de Saint-Dié et de Beauvais, et autorisée
par l'Université; par F. Ansart. 1 vol. in-18. cart.   75 c.

Histoire de France (Petite), avec portraits et cartes, par le même.
Autorisée par l'Université, 1 vol. in-18 de 216 pages, cart. 75 c.

Histoire de l'Empereur Napoléon, par A. Hugo, ornée de 31
vignettes représentant les principaux faits de la vie de l'empereur, dessinée par Charlet. 1 vol. in-8. Prix, broc.   5 fr.

Hygiène (Traité d'), ou Règle pour la conservation de la santé, à
l'usage des institutions, par le dr Monneret. 1 vol. de 218 pages.
in-18, cart.   2 fr.

**Instruction sur la tenue des registres de l'État civil et sur la
rédaction des procès-verbaux**, à l'usage des secrétaires de
mairie et des élèves des Écoles Normales. Ouvrage *autorisé par
l'Université* ; par A. Giroud. 3e édit. 1 vol. in-12. Broc.   1 fr.

Lectures manuscrites, tirées des considérations sur les œuvres
de Dieu de C. C. Sturm, par Th. Soulice. Ouvrage *autorisé par
l'Université*. 1 vol. in-12. Prix, cart.   1 fr. 25 c.

Lectures (Nouvelles) **manuscrites morales et amusantes**, sui-
vies d'un *fac simile* de l'écriture de Henri IV ; par E. C. Louis.
Ouvrage autorisé par l'Université. 1 vol. in-18. Cart.   75 c.

Manuel de piété à l'usage des jeunes gens, ou Recueil d'in-
structions et de prières pour sanctifier les principales actions de
la vie chrétienne, par M. l'abbé D. Pinart. 1 vol. grand in-32 de
plus de 400 pages. Prix, broché ou cart.   1 fr. 25 c.
  Relié en basane gaufrée, tranches marbrées.   2 fr.
Le même, **à l'usage des jeunes personnes.** In-32. bro. 1 fr. 25 c.
  Relié en basane gaufrée, tranches marbrées.   2 fr.
  Ouvrages approuvés par Mgr Gignoux, Évêque de Beauvais.

Manuel des enfants (La Croix de Jésus), lectures graduées morales
et instructives ; par M. de Saint-Surin. Approuvé par Mgr l'Archevêque de Paris, couronné par l'Académie Française et *autorisé par l'Université*. 1 vol. in-18, 1 gravure. Prix, cart. 75 c.

Méthode de lecture, par M. A. Peigné, autorisée par l'Université. 1 vol. in-12, broc.   40 c.

Méthode perfectionnée d'enseignement simultané, par L. A.
Meunier, suivie de la loi sur l'instruction primaire, etc. 2e éd.
1 vol. in-12. Prix, broc.   1 fr.

Monsieur Lambert, ou Beautés, Plaisirs et Travaux de la cam-
pagne. Livre de lecture courante, par Alex. de Saillet. 1 vol.
in-12. Prix, cart.   1 fr.

Monsieur Marcel, ou l'Ami de la jeunesse, livre de lecture, approuvé par la Société de la morale chrétienne, etc.; par MM. H. Ar-
noul et A. Humbert. 1 vol. in-12 de 288 pages. Cart. 1 fr. 25 c.

Motets en plain chant, à une et à plusieurs voix, par de Lafage ;
autorisé par l'Université. 1 vol. in-8°, oblong, broc.   3 fr.

Mythologie (la) **complète**, expliquée par l'Histoire. 2e édition
augmentée d'un questionnaire et d'une table détaillée, etc. ; par
M. l'abbé Gouaio. 1 vol. in-12. broc. 1 fr. 50 c. Cart. 1 fr. 75 c.

Notions élémentaires de Physique, par L. J. George, secrétaire de l'Académie de Besançon. 3e édition, augmentée (1844). 1 vol. in-12, avec planches, broc. **2 fr.**

Notions élémentaires de Mécanique, par le même. 1 vol. in-8°. Prix, broc. **1 fr. 50 c.**

Ouvrages rédigés sur le Programme du Conseil Royal, pour les Écoles Normales et les Écoles Primaires supérieures.

Nouveau cours théorique et pratique de dessin, contenant des principes de géométrie, un cours de dessin linéaire, des traités d'architecture, d'arpentage, etc., par M. Tripon. 1 vol. in-8 orné de 50 planches, renfermant 800 fig. Prix, broc. **5 fr.**

Paroissien de la jeunesse, contenant l'office des dimanches et des principales fêtes de l'année, à l'usage de Paris et de Rome, par M. l'abbé D. Pinart. Approuvé par Mgr l'Evéque de Beauvais. Grand in-32, riche cartonnage gaufré, filets en or. **1 fr.** Relié basane gaufrée, tranches marbrées. **1 fr. 50 c.**

Pensées chrétiennes, pour tous les jours du mois, édition augmentée de l'avis à un enfant chrétien, etc., imprimée en très-gros caractère, in-18 de 144 pages. Cart. **40 c.**

Récréations, ou *Histoires véritables* (second livre de lecture), par Th. Soulice. Autorisé par l'Université. 1 vol. in-18, cart. **30 c.**

Robinson (le Petit) des Écoles primaires, ou Aventures les plus curieuses de Robinson Crusoé, à l'usage des classes élémentaires, par G. J. Étienne. 1 v. in-18 de 216 pages avec grav. Cart. 75 c..

Synthèse logique (la), de l'École pratique, ou leçons élémentaires de style, à l'usage des Écoles primaires, par Bescherelle aîné. 1 vol. in-12. Prix, cart. **60 c.**

Système décimal des poids et mesures métriques, par M. J. George fils. 1 vol. in-18. Prix, broché. **30 c.** Le cartonnage se paie 5 centimes en sus.

Tenue des livres, en partie double, à l'usage des classes primaires, par M. Delpierre. 1 vol. in-18. Prix, broc. **75 c.**

Théâtre (le Petit) des écoles, ou Choix de petites comédies instructives, à l'usage des maisons d'éducation des deux sexes; par M. Bescherelle aîné. 1 vol. in-12. Nouvelle édition augmentée, broc. **1 fr. 50 c.**

Traité complet et raisonné des poids et mesures, ou Guide des maîtres dans l'enseignement du nouveau système métrique, par J. George fils. 1 vol. in-18. Prix, broc. **1 fr.**

Traité élémentaire d'Analyse grammaticale et d'Analyse logique, à l'usage des Écoles primaires; par J. Luçon, bachelier ès-sciences, sous-inspecteur des Écoles primaires de la Haute-Garonne. Ouvrage *autorisé par l'Université*. 2e édition. 1 vol. in-12. Prix broché. **1 fr. 25 c.**

Traité Élémentaire d'Arpentage, à l'usage des Écoles primaires; par le même auteur. Ouvrage *autorisé par l'Université*. 2e édition, revue et augmentée. 1 vol. in-12, broch. 1 fr. 50 c.

Traité élémentaire de Sphère, précédé de l'exposition du Système du Monde, d'après les plus célèbres astronomes, destiné aux élèves des Collèges, des Pensions, des Écoles normales primaires et des Écoles primaires supérieures; par L.-J. George. 1 vol. in-12, broché, avec planche. **1 fr. 75 c.**

Vie de Notre-Seigneur Jésus-Christ, approuvée par NN. SS. l'Archevêque de Paris, le Cardinal Evéque d'Arras, et les Evéques de Langres, de Cambrai, d'Amiens, de Saint-Dié et de Beauvais, et *autorisée par l'Université*; par F. Ansart. 1 vol. in-18 de 180 pages. Nouvelle édition augmentée. Prix, cart. **75 c.**